国後島

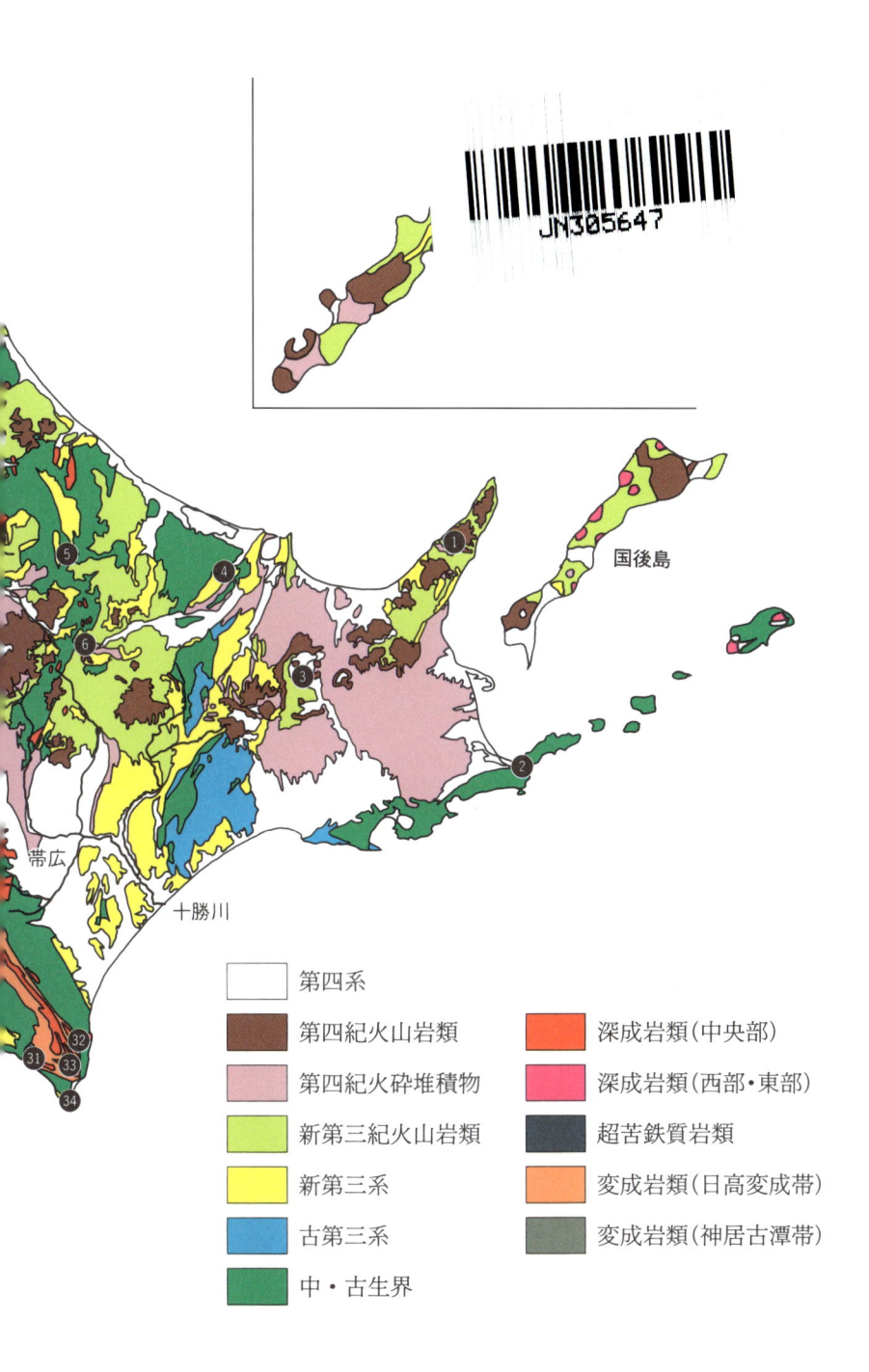

帯広

十勝川

☐ 第四系		
■ 第四紀火山岩類	■ 深成岩類(中央部)	
■ 第四紀火砕堆積物	■ 深成岩類(西部・東部)	
■ 新第三紀火山岩類	■ 超苦鉄質岩類	
■ 新第三系	■ 変成岩類(日高変成帯)	
■ 古第三系	■ 変成岩類(神居古潭帯)	
■ 中・古生界		

北海道の石

Rocks and Minerals of Hokkaido

[戸苅賢二＋土屋 篁 著]

Stones and Outcrops
川原の小石/露頭 ……… ❸

本書を使う前に ……… 2

Rocks
岩石 ……… ㉒

岩石とは/23

＜火成岩＞ ……… ㉔

＜堆積岩＞ ……… ㊵

＜変成岩＞ ……… ㊴

Minerals
鉱物 ……… ㉒

鉱物とは/63

＜金属・亜金属＞ ……… ㊿

＜非金属＞ ……… ㊈

偏光顕微鏡 ……… 150
付　表 ……… 154
用語解説 ……… 162
参考図書 ……… 169
あとがき ……… 170
和名索引 ……… 171
英名索引 ……… 173

＜北海道産新鉱物＞ ……… ⓯

北海道大学出版会

本書を使う前に

1. この本は北海道で見られる代表的な岩石20種類と鉱物43種類および北海道で発見され新産鉱物として登録された7種類の鉱物を収録しました。
2. 鉱物がその物理的・化学的性質から明確な分類の基準を持っているのに対し，岩石は中間的な性格を持つものも多く，その分類は必ずしも明確に線引きできるものではないことに注意して下さい。
3. 岩石は，火成岩，堆積岩，変成岩の順に配列しました。火成岩は深成岩，半深成岩，火山岩の順に，それぞれ珪長質のものから苦鉄質のものの順に述べられています。堆積岩は粗粒なものから細粒なものへ配列し，火山起源の堆積岩が続いています。変成岩は変成の度合いの低いものから高いものへ配列しています。
4. 鉱物は，金属・亜金属，非金属，北海道産新鉱物の順に配列しました。そして一般的な鉱物分類法に従って，元素鉱物，硫化鉱物，酸化鉱物，炭酸塩鉱物など，珪酸塩鉱物の順に記載しました。
5. 岩石の説明項目は最初に総説で一般的な性質・特徴を述べ，
   見分け方の項で野外で採取したときの特徴，
   種類の項で見出しの岩石名と同類の変種，
   目につく鉱物で決め手になる構成鉱物名とその特徴，
   産地で北海道内の主産地と採取しやすい地点を数カ所，
   記載してあります。
6. 鉱物の説明項目は
   見分け方の項で共生鉱物や見かけ上似た鉱物との相異，
   結晶の形の項で6晶系または32晶族のどれに属するか，外形(結晶形)でよく見られる形態，
   化学組成の項は，すべて理想形の化学式で記載し，鉱物に特に多い固溶体(混晶)については端成分で示し，
   産状については北海道産のものに限らず，できるだけ詳細に，
   産地はおもな産地と採取できる産地について，
   記述しました。現在は休・廃山の鉱山が多く，坑外のずり山を中心に探すしかない場合も多いと思われます。
7. 写真中のスケールは3cmの長さをあらわします。
8. 写真説明の平行ニコル・直交ニコルは偏光顕微鏡写真です。
9. 専門用語を使っているところがありますので，わからないときは見返しや用語解説あるいは付表を参照して下さい。

① 同じ色でも違う石＋違う色でも同じ石　4

② 天塩川の川原の小石　6
③ 石狩川の川原の小石　8
④ 十勝川の川原の小石　10
⑤ 豊平川の川原の小石　12

⑥ 後志利別川の川原の小石　14
⑦ 厚田海岸と江丹別峠の露頭　16・17
⑧ 層雲峡の露頭　18
⑨ "夕張の顔" 大露頭と24尺天露頭　20・21

▶ 4〜21

川原の小石/露頭

Stones and Outcrops

4

違う色でも同じ石(5頁)

　写真の小石は，赤や灰，緑，黒などの礫である。しかしこれらはみな火成岩のうちの安山岩の礫である。安山岩は無色鉱物の斜長石，石英のほか，輝石や角閃石などの有色鉱物の斑晶を持ち，色指数10〜30の灰色の火山岩である。しかしこの岩石でも石基がガラス質で黒い色を示すもの，形成時の高温な条件のもとで酸化され赤錆び色のもの，水中噴火で形成され，石基や有色鉱物が緑泥石となり，緑色を呈するものなどさまざまな色を示す。このように，岩石の分類は色によるのではなく，構成鉱物の種類，その割合，岩石の組織などを観察し総合的に判断して決めなければならない。

同じ色でも違う石(4頁)

　火成岩は構成鉱物の有色鉱物と無色鉱物の占める割合によってさまざまな色のものがある。堆積岩や変成岩でも同様で，構成鉱物の色によってさまざまな色を示す。しかし岩石の色は，このように鉱物の組合せによるものばかりでなく，後からの作用によって着色されることもあり多様な色を呈する。

　写真の小石はみな"緑色"だが，礫岩・チャート・緑色凝灰岩・変質安山岩・蛇紋岩・緑色片岩などそれぞれ別の岩石である。緑色片岩のように緑泥石の色により初生的に緑色を示すものや，緑色凝灰岩や変質安山岩など後からの作用で緑泥石などの鉱物が生じ緑色を示すものもある。

天塩川の川原の小石

　天塩川は上川支庁・網走支庁の境界部に位置する天塩岳(1557m)に源を発する。朝日町をへて西流し，士別市街をすぎて流路を北に変え名寄市，美深町と名寄盆地を貫流して音威子府村から天塩山地を横断している。中川町付近から北に流れ天塩町で日本海に注いでいる。その総延長は256kmに達し，石狩川についで北海道第2位の長さの河川である。途中，剣淵川・名寄川・音威子府川・安部志内川・問寒別川・雄信内川など大小653本の支流が合流していて，流域面積は5590km²におよんでいる。

　この河川は水量が豊かで，川幅いっぱいになって名寄盆地を北に流れていて，途中砂州や砂礫の堆積した河原が発達していないのが特徴となっている。写真の礫は，恩根内の北方で採取したものである。この川の源流部の天塩岳山塊は，新第三系の安山岩質の火山岩・火山砕屑岩などからなっているが，日高変成帯の北方延長部を縦断して西に流れていて，資料採取地点でも安山岩質の火山岩礫や礫岩に混じって，日高帯延長部の火成岩貫入に由来すると考えられるホルンフェルスの礫を認めることができる。また南方から合流する剣淵川とその支流は神居古潭変成帯に発していて，緑色片岩・チャートなどのほか，この変成帯に特徴的な蛇紋岩の礫も見出すことができる。

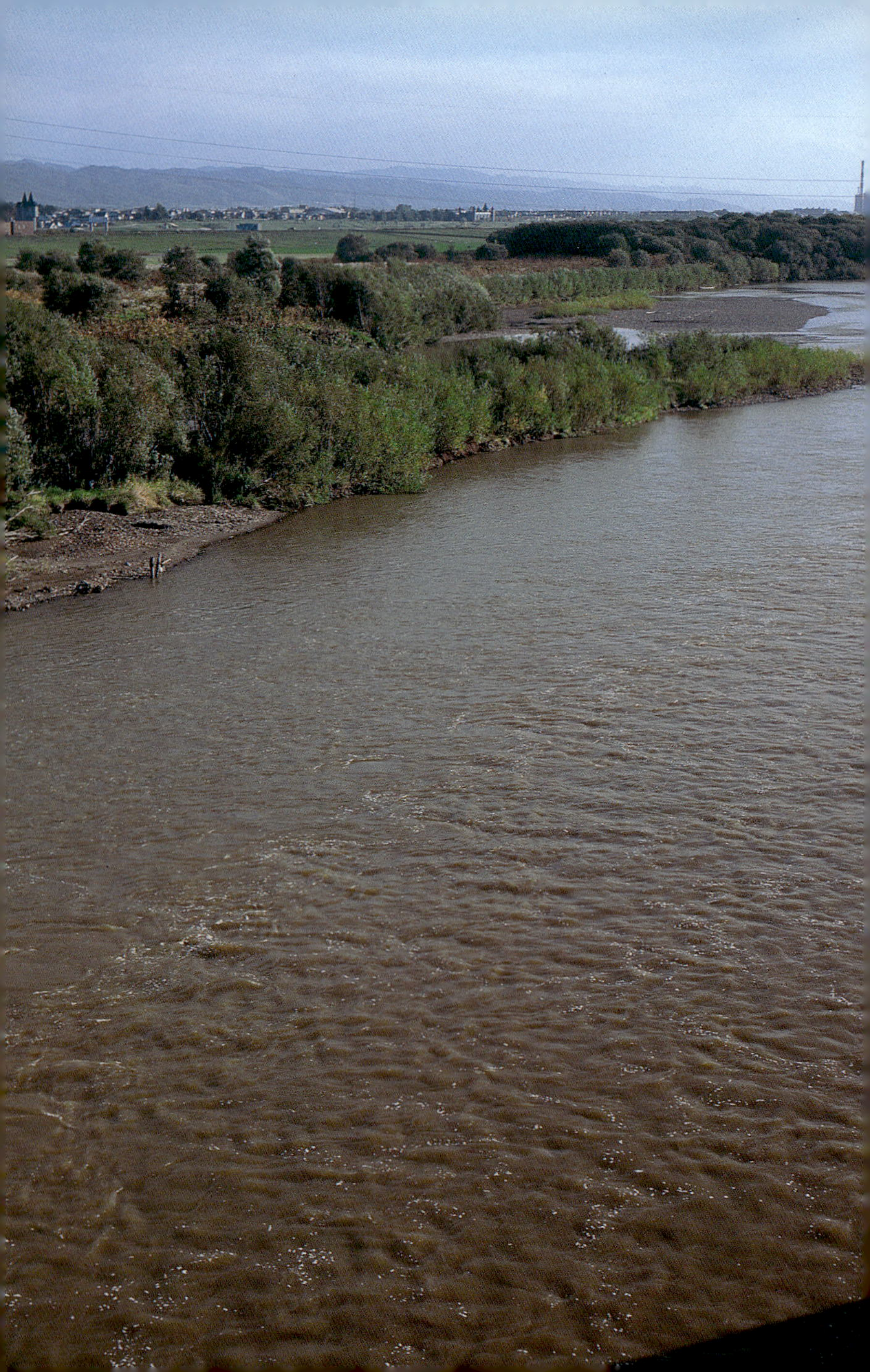

石狩川の川原の小石

北海道の屋根大雪山系の石狩岳(1962m)の北側山腹を源とする石狩川は,層雲峡の峡谷を刻んで上川盆地を貫流し,神居古潭の峡谷を横断して空知平野を南下,肥沃な空知・石狩平野を形成して石狩市にいたり日本海に注いでいる。全長は268.2kmで,北海道では第1位の長流であり,日本国内においても利根川についで第3位の長さである。途中,忠別川・美瑛川などと旭川で合流,空知平野にはいって雨竜川・空知川・幾春別川・夕張川などと合流,さらに当別川・豊平川などとも合流し,合流河川の総計は1570本にのぼる。流域面積は14,330km²におよんでいる。源流地域は大雪山系の第四紀火山岩類および火山砕屑岩類が卓越し,その基盤となっている日高帯の深成岩・変成岩類も小規模に露出している。神居古潭のゴージュでは各種片岩類の発達する神居古潭変成帯を横切っている。また最大の支流である空知川は日高変成帯にあたる狩勝峠付近に発し,神居古潭変成帯を横切り先白亜系の空知層群・蝦夷層群や古第三系の石狩層群などの堆積岩類分布地域を貫流している。この河川は長大なため中流部までは礫の堆積が見られるが下流部では砂泥が顕著となる。このため写真の標本は砂川市において採取した。安山岩などの火山岩のほか,花こう岩・緑色片岩・黒色片岩・チャート・粘板岩・砂岩・泥岩などが認められる。

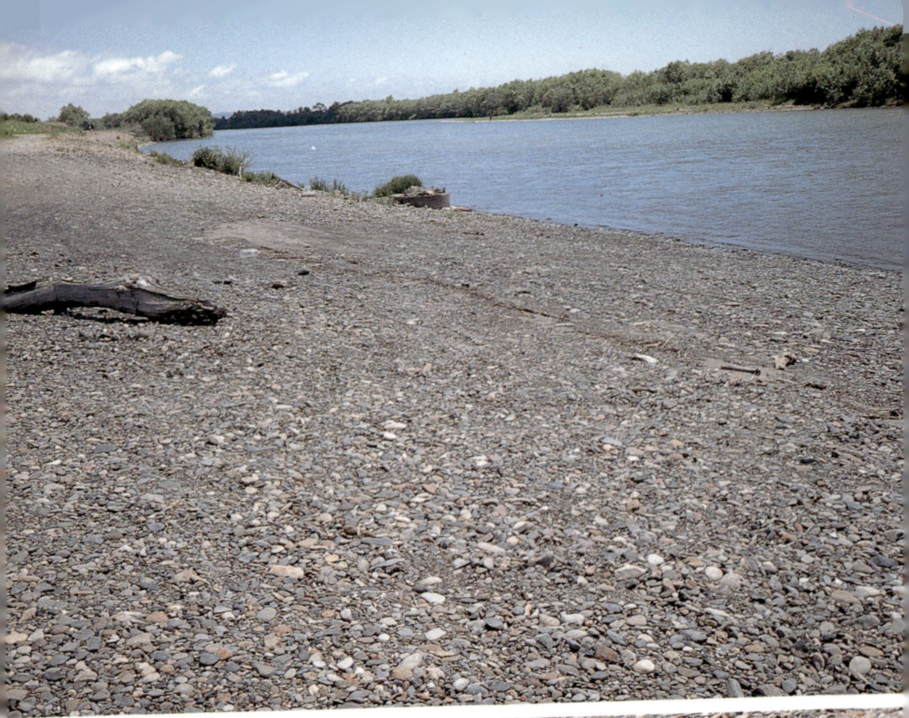
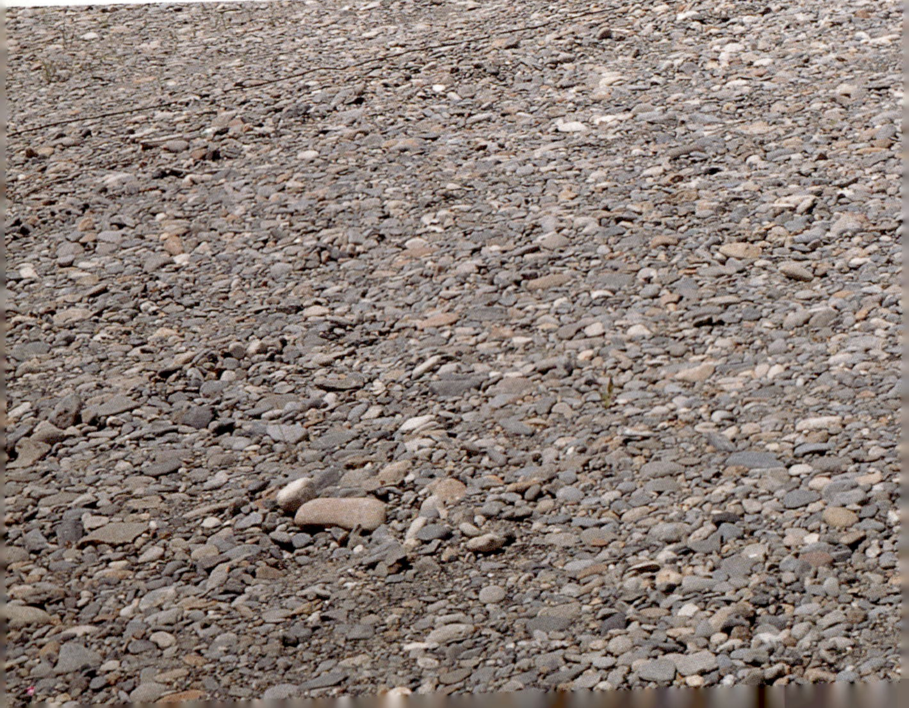

十勝川の川原の小石

　十勝川は北海道の屋根といわれる大雪山系の石狩岳(1962m)から十勝岳(2077m)にかけての山岳地帯に源を発し、石狩山地の南斜面を南流し、十勝平野を貫流して豊頃町大津で太平洋に注いでいる。全長は156kmにおよび北海道における第3位の長流である。途中、佐幌川・然別川・音更川・美生川・札内川などと合流して肥沃な十勝平野を形成し、さらに利別川・浦幌川などと合流している。合流する河川は大小1181本を数え、その流域面積は8400km²におよんでいる。

　写真に示した標本は十勝川温泉付近の十勝川堰堤下流で採集したものである。本流の源流部は第四系および新第三系の火山岩およびその砕屑物、その基盤である白亜系の堆積岩類と小規模な日高変成岩類の露出が知られている。また支流の然別川・音更川・士幌川なども第四系および新第三系の火山岩・火山砕屑岩分布地域を流れ、砂礫を運搬している。南から合流している美生川・札内川などは日高山脈を源としていて、日高変成帯の花こう岩などの深成岩類、片麻岩・ホルンフェルスなどの変成岩およびそれらの源岩となった粘板岩などを運搬堆積している。十勝川の上流部には十勝岳の活動による溶結凝灰岩の広い分布があるが、軟質なため破砕され十勝川堰堤では見ることができない。

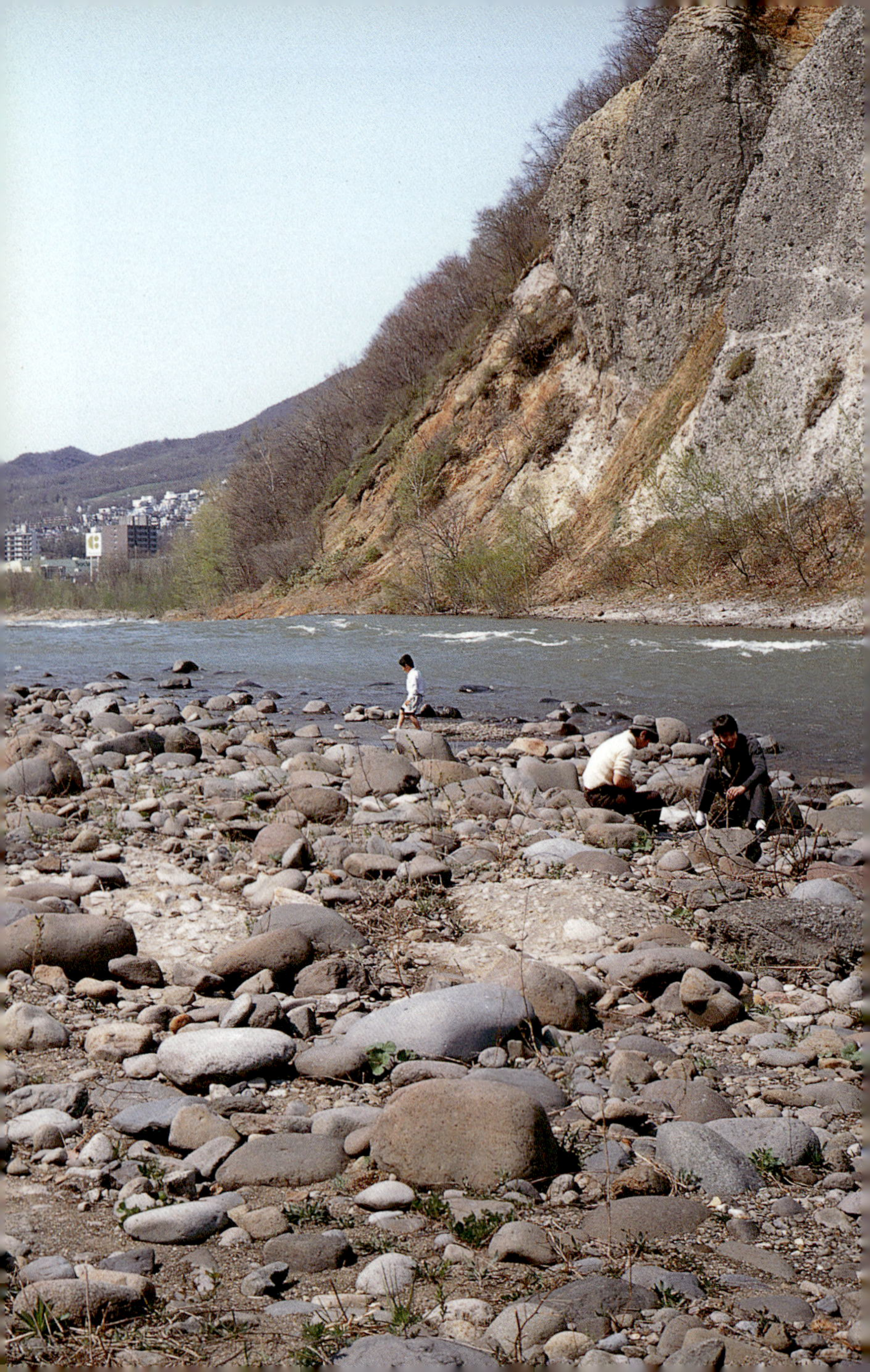

豊平川の川原の小石
とよひら

　豊平川は，札幌市と千歳市の境界部に位置する小漁岳(1235m)を源とし，札幌市南西部を境する1000m前後の山々から流れ下る。これらの連山の頂上部には，厚い安山岩質溶岩が分布している。ここから流れ下った河川は新第三紀の火山岩類・同源の堆積岩類の分布する渓谷を縫って北に流れ，豊平峡ダムに注ぐ。そして，定山渓温泉街を貫流し，余市岳に発する白井川，朝里峠付近から流れてくる小樽内川と合流後進路を東に変え，石狩平野にでて札幌扇状地を形成し，札幌市街を貫流し，石狩川に合流する。全長は70.5km，流域面積は858.6km²におよぶ。

　写真の小石は，藻南橋下流で採取した。流域には山頂部の安山岩溶岩のほか，その基盤の新第三紀の安山岩などの火山岩・火山性砕屑岩・凝灰岩，およびこれらの火山活動のあいだに堆積した堆積岩類やこれらに貫入している石英斑岩が見られる。豊羽鉱山のような鉱化作用にともなう珪化岩や石英脈なども見られる。下流部の藻南橋の南には，広範囲に支笏カルデラ形成時の溶結凝灰岩が分布する。採集地点では各種安山岩質の火山岩・凝灰岩・珪化岩・石英脈・石英斑岩などの礫が認められる。しかし溶結凝灰岩は採取地点近くに広範囲に分布するが，軟質なため礫として見出せない。

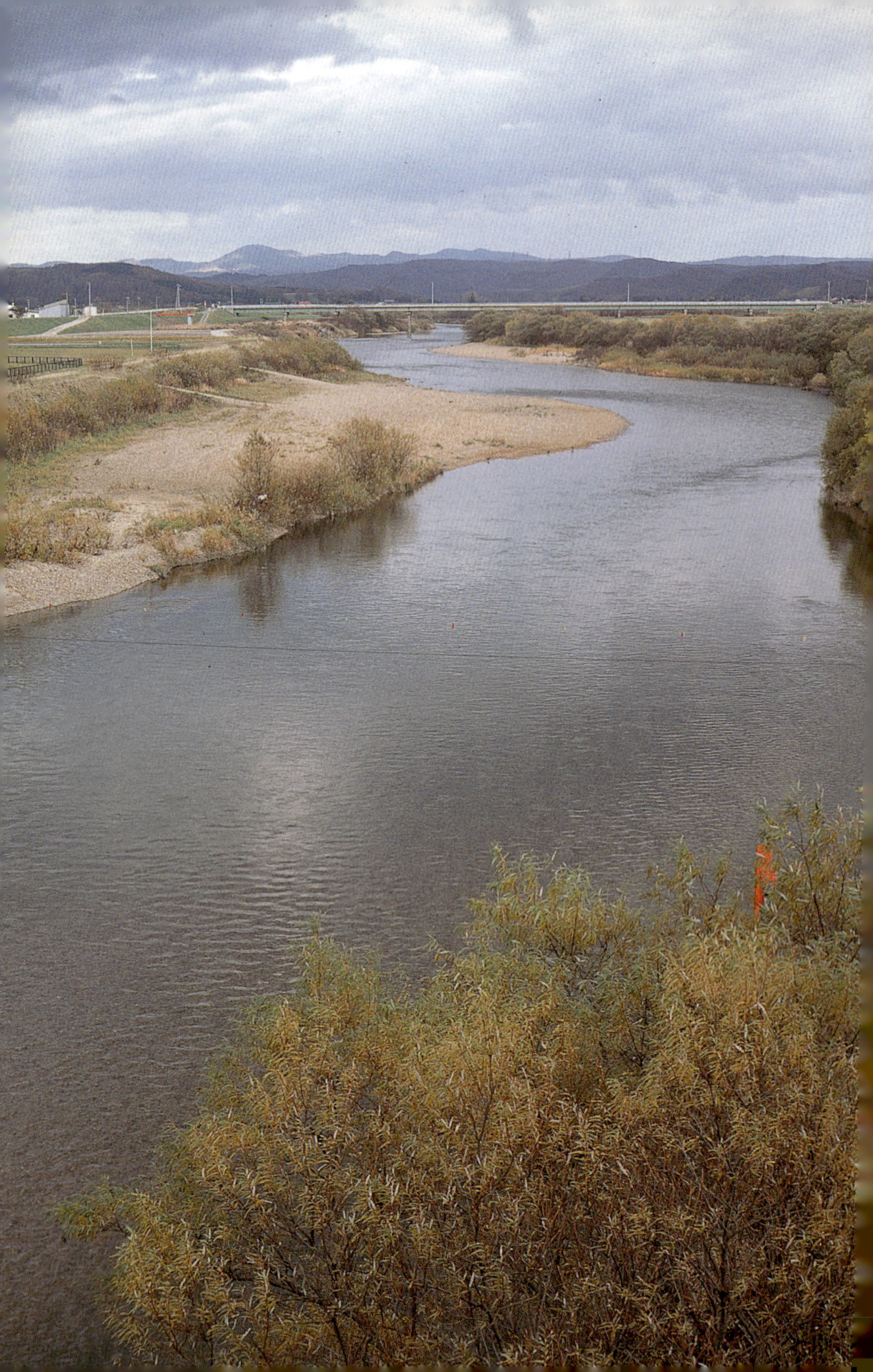

後志利別川の川原の小石

　渡島半島第1位の長流で、後志・桧山・渡島地方境界部にある長万部岳（972m）に源を持つ。長万部岳南斜面を流れ下り、流路を西に変え今金市街を貫流、北桧山町をへて瀬棚町から日本海に注ぐ。途中、ピリカベツ川・下ハイカマップ川、メップ岳・カスベ岳より流れ下るポン目名川・利別目名川・真駒内川など狩場山－長万部岳からの諸河川と合流、また今金町内で馬場川・パンケオイチャヌンペ川などと合流している。全長は80.1km、流域面積は720km²におよぶ。

　この川の流域は、全域が新第三紀のいわゆるグリーン・タフ地域のなかにあって、主として安山岩質の火山岩類に由来する変質岩やそれと同源の火山砕屑岩類や堆積岩類が広く分布している。さらにこの時期に活動した花こう閃緑岩の貫入も見られる。またこれらの岩石の基盤の堆積岩や花こう岩の分布も知られている。

　写真の礫は北桧山町の新栄橋付近で採取した。流紋岩質や安山岩質の火山岩礫をはじめこれらに由来する変質安山岩（かつてはプロピライトとよばれた）や泥岩・砂岩・礫岩などが見られる。また花こう岩やホルンフェルス、さらに花石付近を中心に産出する有名な瑪瑙の礫も採取した。これは新第三紀の安山岩などの空隙に沈殿した珪酸分の塊が、洗いだされて運搬されたものである。

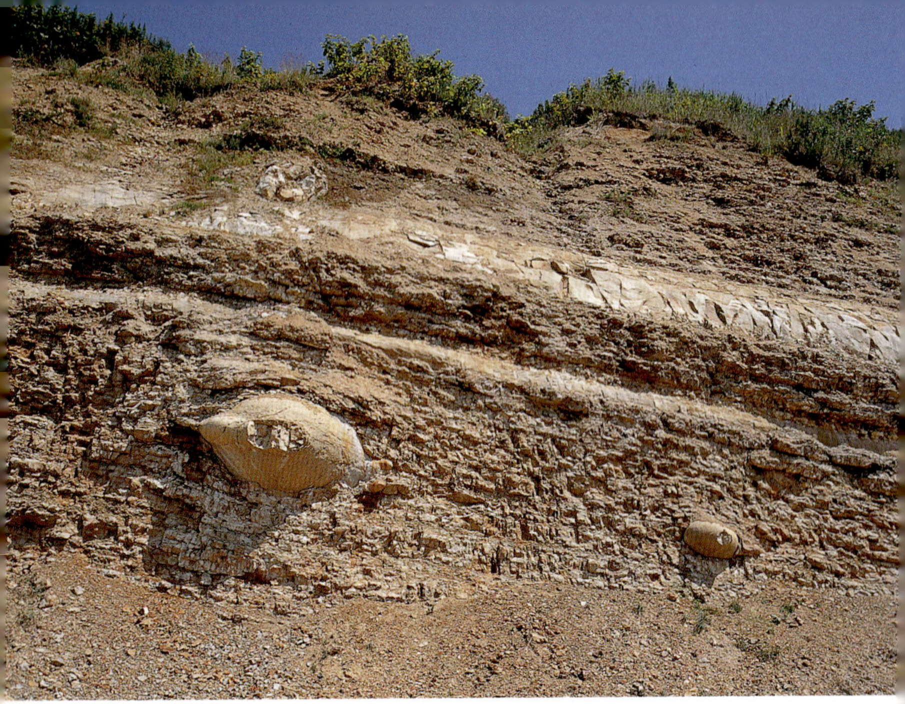

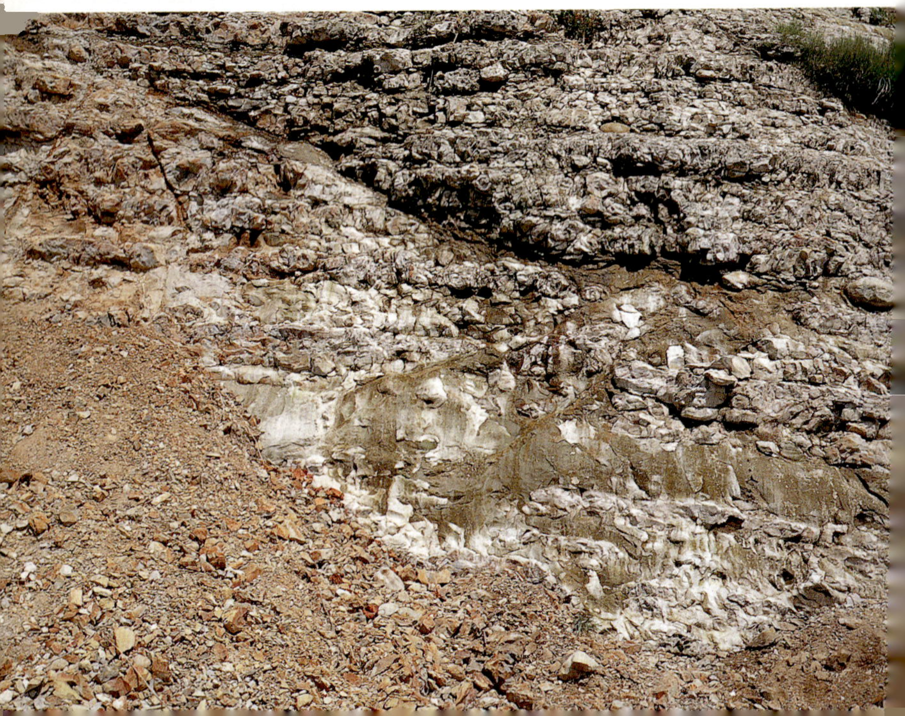

厚田海岸の砂岩・泥岩互層とノジュール

　写真(16頁)の地層は新第三紀中新世末に堆積した望来層で、硬い泥岩は触ると細かく砕ける硬質頁岩である。この地層中には貝化石や、こぶし大から2〜3mにおよぶ硬い球状の塊が地層の堆積面に沿って点在する。これらはノジュール(団塊)といわれ、砂粒や化石を核にケイ酸分が集まってできたものである。

江丹別峠の藍閃石片岩露頭

　写真(17頁)の露頭は幌加内から江丹別峠に登り始める地点にある有名な露頭で、剥理面の発達した結晶片岩が角閃石の仲間である藍閃石を大量に含んでいて、全体が濃い藍色に見える。

　江丹別峠の藍閃石片岩はその規模から世界的に有名だが、近年、植生の繁茂、コンクリートによる被覆などで、観察に適する露頭が少なくなった。

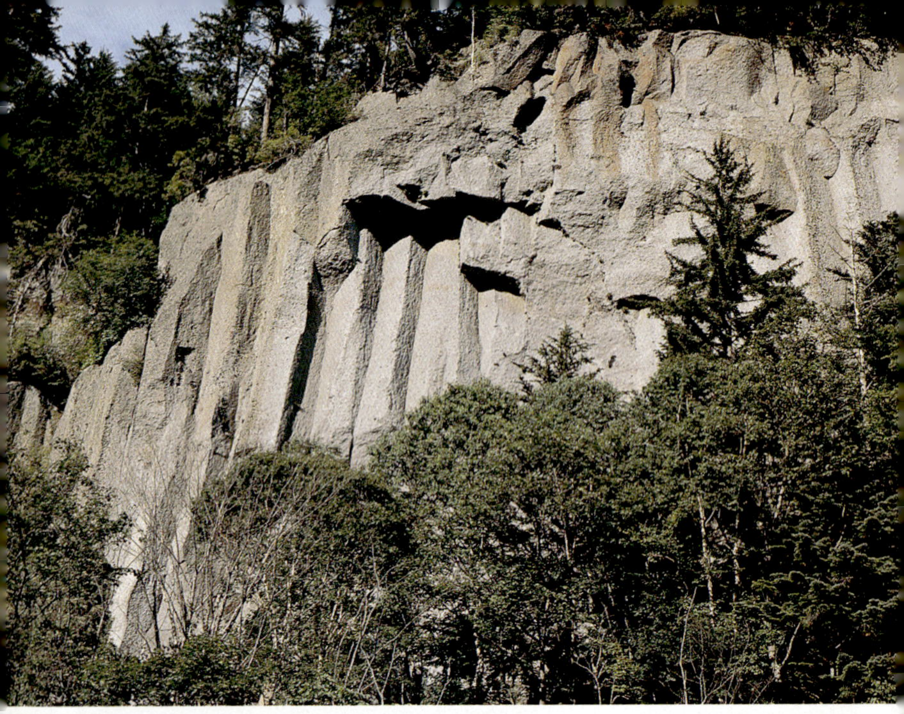
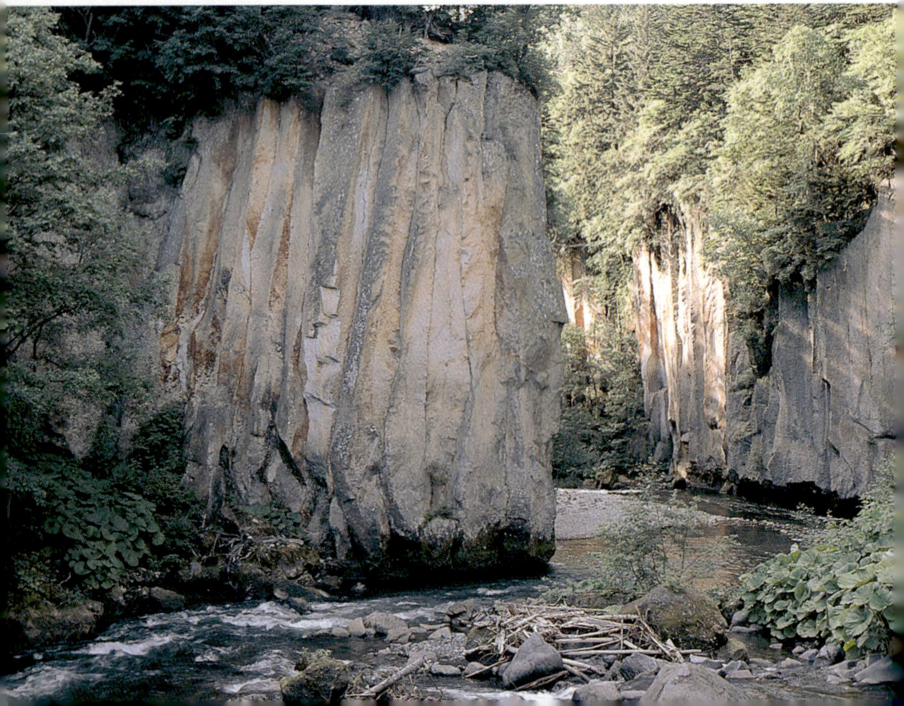

層雲峡の露頭

　石狩川の源流部近く,この川のかつての流路となっていた大雪の連山とニセイカウシュッペ山・武利岳などの山に挟まれた谷は,およそ3万年ほど前,大雪山のお鉢平カルデラを形成した火山活動のとき流出した火砕流によって埋めつくされ,その後の石狩川のいちじるしい下刻作用によって狭隘な層雲峡の峡谷が形成された。この谷に堆積した火砕流は高温であったために堆積後も一部が溶融し,溶結凝灰岩となった。温度の低下にともなう体積の縮小によって規則正しい柱状の割れ目(柱状節理)を生じた。石狩川の下刻によって大函・小函・天城岩などみごとな柱状節理の発達する峡谷が出現した。

"夕張の顔"大露頭

　夕張市丁未のメロン城近くに見える大露頭。夕張地域では古第三紀の石狩層群とよばれる地層が広く分布するが、この露頭は若鍋層とよばれ、石炭を含む夕張層のすぐ上位に載っている。砂岩・泥岩を主とし、化石や堆積物から推測して浅い静かな入り江のような海で堆積したものと考えられる。この地層の下部にある夕張層の位置は、写真の崩れた崖錐(がいすい)の部分にあたる。最上部には幾春別層(いくしゅんべつ)が載っている。

24尺大露頭

　夕張市高松にある石炭の歴史村のなかにある"夕張の石炭大露頭"である。露頭は志幌加別川左岸の崖面に約10mにわたって露出している。この石炭層は，北海道における地質学の父と称される米人招聘技師，ライマンの弟子であった坂市太郎によって，1888年(明治21年)発見された。ライマンはこれより先，夕張川流域を調査して，上流域に石炭の分布していることを予告していた。この石炭層は古第三紀石狩層群の夕張層のもので，夕張炭田の主力をなしていた炭層である。下位から，10尺層・8尺層・6尺層と重なっており，合わせて24尺層と称されている。炭質は瀝青炭で水分・灰分が少なく，発熱量は8000kcalを超え，製鉄・ガス・コークス原料・汽缶燃料として良質なものであった。この大露頭は1974年(昭和49年)北海道天然記念物に指定されている。

22〜61 岩石
Rocks

幌満産かんらん岩
北海道大学総合博物館蔵（新井田清信氏ほか採集）

岩石とは

　我々が住んでいる地球は，地震波の伝わり方などの地球物理学的な研究から，ちょうど"変わり玉"というアメ玉のような構造をしており，大きく分けて3つの層構造を持っていることが明らかにされている。地球の半径はおよそ6,370kmだが，地表から2,900km（中心から約3,470km）ほどのところまでを核，その外側をマントル，一番外側の地表から数～数十kmの薄い層を地殻とよんでいる。我々はこの薄い地殻の上で生活している。地殻は海洋部で4～5km，大陸の下部で平均30kmていどの厚さをもっている。地球全体からみればちょうどパンの皮のように薄い層が地殻というわけである。マントルと地殻をあわせて岩石圏とよんでいる。我々が日ごろ目にする岩石は，この岩石圏の産物である。地殻は安定して固定化してしまったものではなく，火山活動や地震などでもわかるように，つねに活動し変化している。それには上部マントルの活発な運動が強く影響していると考えられている。

　地殻を構成している岩石は，大きく3種類に分けられる。ひとつはマグマの活動の結果できあがった"火成岩"である。ふたつめは"堆積岩"で，これは岩石が雨や風などの力で壊され（風化），海・湖・河川などに堆積したり，水中で化学的に沈殿してできた岩石である。そしてこれらの岩石が地中深く押し込められ，高い温度や圧力によって，改変された岩石を"変成岩"とよぶ。

　岩石は，ダナイト・斜長岩・輝岩など単鉱岩とよばれる岩石や，石灰岩・チャートのようにほとんど同一の鉱物からなる岩石を除いて，何種類かの鉱物が集まって構成されているのがふつうである。我々が石とよんでいる岩石とそれを構成する基本となっている鉱物とは，しばしば混同されたり誤って用いられたりしている。本書ではっきりと両者の違いを理解してほしい。

▲1-1

1

花こう岩
Granite

　アルカリ長石・斜長石・石英の無色鉱物と雲母などの有色鉱物からできている深成岩。地下の深いところでマグマから固まってできたものが多い。

見分け方 　数mmの同じくらいの大きさの結晶粒の集合で，1つひとつの結晶の粒は目でよく見分けられる。石英は半透明でガラスのような割れ口，長石は白色不透明で平らな面の割れ口が見える。有色鉱物は黒く見えるものが多い。深成岩のなかで一番白っぽく見える。

種　類 　どんな有色鉱物がはいっているかによって名

▲1-2

▲1-3  ▲1-4

前が一部変わる。黒雲母・白雲母がはいっているものを両雲母花こう岩，黒雲母だけのものを黒雲母花こう岩，角閃石花こう岩などと分類する。これら有色鉱物の量は無色鉱物に比べてはるかに少ない。

| 目につく鉱物 | 多い順に石英，アルカリ長石，斜長石，雲母。 |
| 産　　地 | 日高山脈の東側，西南北海道の渡島半島大千 |

軒岳，奥尻島東部など。

1-1 清水町日勝峠
1-2 松前町荒谷川
1-3 平行ニコル，1-4 直交ニコル

▲2-1

2

閃緑岩(花こう閃緑岩，石英閃緑岩を含む)
Diorite
(Granodiorite, Quartz diorite)

　NaとCaの含有量が同量かNaが多い斜長石と有色鉱物とを主成分とする完晶質粗粒の中性深成岩。有色鉱物のなかでは角閃石が特徴で，色指数は10から40くらいを示す。

　見分け方 一般的には少量の石英を含み，アルカリ長石とともに主成分鉱物の斜長石，角閃石を多く含むことで区別しやすい。

　種類 アルカリ長石の量が多くなると花こう閃緑岩，石英が主成分の一部を占めるほど多くなり少量のアルカリ長石や黒雲母を含むものを石英閃緑岩とよぶ。

▲2-2

▲2-3

▲2-4

目につく鉱物 NaとCa成分が, 等量くらいの斜長石と角閃石。少量の石英やアルカリ長石。ときには黒雲母や輝石。

産地 閃緑岩は花こう閃緑岩や斑れい岩などにともなわれて産出することが多い。花こう閃緑岩は花こう岩とともにわが国に産出する深成岩のうちでもっとも広く分布する岩石。北海道では西南部で多く見られ, 高い山を構成する頂上付近や奥尻島西部山地に分布している。

2-1 奥尻島
2-2 今金町種川
2-3 平行ニコル, 2-4 直交ニコル

▲3-1

3
斑れい岩
Gabbro

　斜長石と輝石を主成分とした黒っぽい岩石で苦鉄質完晶質粗粒の深成岩。このほかにかんらん石，角閃石，黒雲母，アルカリ長石などを含むことがある。

見分け方　粗粒完晶質の深成岩。有色鉱物の量が多く，色指数が40～70で，目で見たところでは黒っぽく感じ，手で持つと重い岩石。

種類　主成分鉱物の輝石には単斜輝石の仲間の普通輝石と斜方輝石の仲間の紫蘇輝石のふたつを含むものが一般的である。とくに紫蘇輝石を多く含む岩石をノーライトとよんでいる。産状にも関わって特

▲3-2

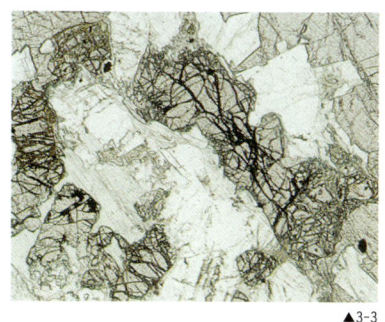

▲3-3 ▲3-4

有の鉱物を含むものにいろいろな岩石名がついている。一例をあげると構成鉱物がほとんど斜長石で有色鉱物にとぼしい場合には斜長岩とよばれる。

目につく鉱物 広くはんれい岩といわれる岩石では斜方輝石・単斜輝石，そして無色鉱物として斜長石があげられる。

産　地 安定大陸では大きな岩体をつくり，造山帯では超苦鉄質岩や花こう岩にともなって産する。北海道では日高山脈の花こう岩体やかんらん岩体の周縁部に分布している。

3-1　様似町幌満
3-2　多度志川上流第三岩体
3-3　平行ニコル，3-4　直交ニコル

▲4-1

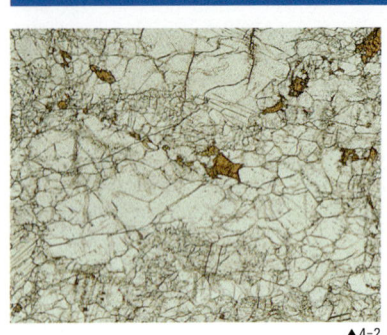

▲4-2　　▲4-3

4
かんらん岩 (蛇紋岩を含む)
Peridotite (Serpentinite)

　深成岩のなかでもっとも暗色の岩石。SiO_2の重量組成がもっとも少なく（45%以下），かんらん石を40％以上含む超苦鉄質岩。

| 見分け方 | 緑色ないし暗緑色。黒色に近く見えることもある。同じくらいの大きさ（0.2～1.0mm）の結晶粒の集合で，輝石などの結晶の粒は，肉眼で見分けられる。 |

| 種　類 | かんらん石や斜方輝石が蛇紋石とよばれる鉱物に変わった岩石を蛇紋岩とよぶ。 |

| 目につく鉱物 | おもな成分鉱物はかんらん石で単斜輝石や斜

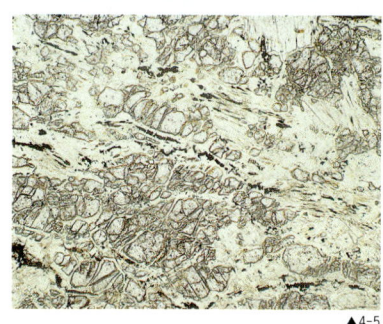

方輝石を含む。ときに斜長石やざくろ石, きわめてまれに雲母が含まれている。少量ではあるが, ほとんどつねにスピネルやクローム鉄鉱が見られる。

| 産　地 | 様似町幌満(国道236号線, 幌満川沿いに約1km入り, 発電所付近および採石場), 岩内岳。 |

| 蛇紋岩 | かんらん岩が水との反応で変質した岩石。かんらん岩といっしょに産出する。おもに蛇紋石族鉱物(粘土鉱物)でできている。 |

4-1 かんらん岩・様似町幌満
4-2 かんらん岩・平行ニコル
4-3 かんらん岩・直交ニコル
4-4 蛇紋岩・幌加内町
4-5 蛇紋岩・平行ニコル
4-6 蛇紋岩・直交ニコル

▲5-1

▲5-2

5
石英斑岩
Quartz porphyry

深成岩と火山岩の中間の性質を持つ。両者をつなぐ岩脈を形成したり深成岩のまわりに形成したりする。大きな結晶（斑晶）の隙間に同源の小さな結晶の集合（石基）体を形成するのが特徴。このような集まり方を斑状組織という。半深成岩や脈岩の代表的な岩石。

見分け方 鉱物の種類や化学組成が同じ深成岩と異なるのは、斑晶が大きく多量で、斑状組織を持っていることによる。石基は微小のこともあるが、よく見ると完晶質でガラス質を含まない。

種類 組織が花こう岩によく似た斑状組織のものを花こう斑岩という。石基が微文象組織（長石の結晶中に顕微鏡的大きさの多数の楔型文字状の石英が連晶するもの）を持つものを文象斑岩という。

目につく鉱物 石英、アルカリ長石と少量の黒雲母などの斑晶。角閃石や斜長石があることもある。

産地 小岩体（おもに岩脈）をつくっていることが多いが、花こう岩体の周縁相をつくる場合もある。札幌市定山渓の豊平川の河床や道路の崖によく見られる。

5-1 札幌市定山渓、5-2 直交ニコル

6

粗粒玄武岩（輝緑岩）
Dolerite (Diabase)

半深成岩か脈岩で苦鉄質の岩石。肉眼では黒っぽく見える。

見分け方 塩期性斜長石と輝石を主とする中粒の完晶質火成岩。化学組成は玄武岩と同じ。ガラスを含まず、結晶がより粗粒。オフチック組織が顕著。

種類 岩石の生成時代によって第三紀前のものを輝緑岩、以後のものを粗粒玄武岩と区別する場合と、変質の違いによってその進んだものを輝緑岩、新鮮なものを粗粒玄武岩とよぶ場合がある。

目につく鉱物 斜長石と輝石のほか、かんらん石を含むものをかんらん石粗粒玄武岩とよぶ。ときには石英、普通角閃石、黒雲母が目につく。

産地 一般に小岩脈として産出する。道内では粗粒玄武岩としては雨竜町竜西、松前町白神岬灯台、戸井町汐首岬、八雲町建岩橋下、根室の花咲灯台下の車石。輝緑岩は神居古潭の神居トンネル東口、富良野駅の北、奈江砕石場など。

6-1 根室の花咲灯台下の車石
6-2 奈江砕石場

▲7-1

7
流紋岩
Rhyolite

　ガラス質の石基のなかに石英，アルカリ長石，斜長石，黒雲母などの自形斑晶を含む岩石。石基は流状組織を示すことが多い。SiO_2の重量組成割合が68〜78％と高い。深成岩である花こう岩と同じ組成をもつ火山岩。生成時代の古いものでは石基がほとんど脱ガラス化されている。マグマの急冷によって，ほとんど斑晶を含まずガラスの集合体からなる岩石を黒曜石とよぶ。

見分け方　斑晶が自形結晶で，有色鉱物がきわめて少なく，色指数が10以下の白っぽい岩石。マグマが浅い地下または地表で固結した岩石で，溶融体から急冷されたために

▲7-2

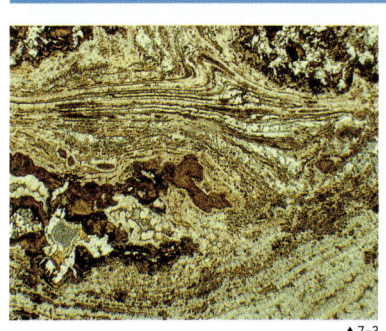

▲7-3　　　　　　　　　　　　▲7-4

| 種　類 | できたガラスの部分が必ず認められる。斑晶にアルカリ長石の少ない流紋岩を斜長流紋岩とよぶ。アルカリ長石の量がいちじるしく多い流紋岩はアルカリ流紋岩と総称されている。このなかにはアルカリ輝石（エジリン），角閃石（リーベカイト）を含むこともある。

| 目につく鉱物 | 斑晶としては石英・アルカリ長石・斜長石の無色鉱物と有色鉱物としては黒雲母が含まれる。ときには輝石が見つかる。

| 産　地 | 洞爺湖(とうやこ)の西岸旭浦の湖岸の崖，余市(よいち)川の先，モイレ岬の岩礁，歌登(うたのぼり)町上幌別(かみほろべつ)十八線付近の本幌別層中の岩脈，紋別(もんべつ)市街地の裏山紋別山など。

7-1　北見市
7-2　黒曜石・白滝村
7-3　平行ニコル，7-4　直交ニコル

▲8-1

8
安山岩
Andesite

わが国にもっとも広く分布している火山岩。灰色から褐灰色の岩石で石基は斑晶粒間をいっぱいに満たした形状のガラス質の組織。南米アンデス山脈の火山を構成する主要岩石。学名はアンデスから命名された。日本では富士山をはじめ多くの火山を構成する岩石。

| 見分け方 | 斑晶の斜長石は灰長石の割合いが30～70%を占める。石基はガラス質，または斜長石，輝石の微晶，そのほか石英を含むこともある。 |

| 種　　類 | 斑晶中のおもな有色鉱物の種類により，かんらん石安山岩，輝石安山岩，角閃石安 |

▲8-2

▲8-3　　　　　　　　　　　　▲8-4

山岩に分類されている。一般に斑状で斑晶は斜長石，石英，角閃石のほかに輝石(単斜輝石・斜方輝石)からなり，石基はガラス質ないし微晶質。またこの種の火山岩でSiO₂が63%以上のものをデイサイトという。

目につく鉱物 斑晶は無色鉱物では斜長石，有色鉱物では輝石(斜方輝石・単斜輝石)・角閃石。かんらん石や黒雲母，まれにざくろ石，菫青石，ジルコン，チタン石を含む。

産地 新第三紀・第四紀の火山の大部分は安山岩で構成されている。札幌付近では手稲山，藻岩山，円山をはじめ札幌岳，無意根山，空沼岳など。大雪山，十勝岳，阿寒，知床などの火山，西南部ではニセコ，羊蹄山，恵山など。

8-1 浜益村, 8-2 手稲山
8-3 平行ニコル, 8-4 直交ニコル

▲9-1

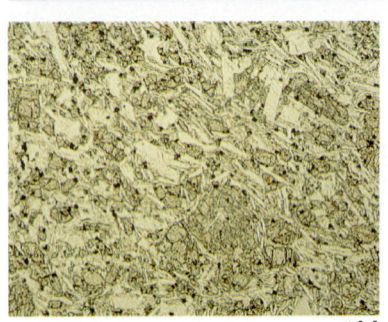

▲9-2

▲9-3

9

玄武岩(げんぶがん)
Basalt

　いろいろな方向に向いた短冊状の斜長石の隙間をガラスや微晶質物質でみたされた塡間(てんかん)組織をもつことを特徴としている。黒色〜灰色の火山岩。斑晶は斜長石と輝石，ほかにかんらん石をともなうことが多い。

見分け方　きわめて細粒の結晶とガラスの集合で，塡間組織に特徴づけられる黒色の岩石。

種　類　化学組成のうえからアルカリに富み，SiO_2，CaO に乏しいものをアルカリ玄武岩，CaO，FeO に富みアルカリに乏しいものをソレアイト玄武岩という。有色鉱物がいちじるしく多いものをピクライ

▲9-4

▲9-5

ト質玄武岩，斜長石のなかでNa_2O組成の多いものをスピライトとよぶ。

目につく鉱物 斑晶は斜長石，輝石，ほかにかんらん石をともなうことが多い。ときに磁鉄鉱など。

産　地 夕張市石勝線の旧紅葉山トンネルの旧道，沙留川の右岸（敷舎内バス停よりおりた川沿い），松前町白神岬灯台下，深川市イルムケップ山の裾野の稲見山，紋別市紋別山周辺，網走市ポンモイ岬の国道ぞい，常呂町国力鉱山跡など。

9-1　渡島大島
9-4　渡島大島
9-5　札幌市定山渓
9-2　平行ニコル，9-3　直交ニコル

▲10-1

10

礫岩
Conglomerate

　岩石が破砕され，その破砕片が岩石や鉱物の種類に関係なくその粒径が2mm以上のものを礫という。この礫が水や風などで淘汰される過程で同じくらいの大きさのものが集まり，砂などの膠結物で固まった堆積岩。

| 見分け方 | 岩石の種類・大きさ・構成物の多さに関係なく構成物の岩片の大部分が粒径2mm(2^1)以上の大きさの集合であれば礫岩。 |

| 種　類 | 礫の粒径が$256(2^8)$mm以上のものを巨礫，$64(2^6)$〜256mmまでを大礫，$4(2^2)$〜64mmまでを中礫，$2(2^1)$〜4mmまでを細礫という。膠結物の違いにより砂質，泥質，

▲10-2

▲10-3　　　　　　　　　　　▲10-4

石灰質，珪質礫岩などとよぶ。まるみのない礫が集まったものをとくに角礫岩 Breccia という。このような礫岩の種類は生成された環境や地層内の位置などと深い関係がある。

目につく鉱物　とくにない。

産　地　堆積岩のひとつで必ず層をつくっている。なかでも基底礫岩は重要な意味(堆積時期の変わり目など)をもつので大切。北海道内で注目されているのは古い時代(中生代)ではえりも岬近くの歌露(うたろ)の基底礫岩。新第三紀中新世の川端層の基底礫岩は日高山脈の西部に南北に長く続いてよく見られる。

10-1　初山別村
10-2　月形町
10-3　えりも町えりも岬
10-4　えりも町えりも岬

▲11-1

▲11-2

11

砂岩
Sandstone

　$2(2^1)$〜$1/16$mm(2^{-4})の粒径の岩片や鉱物片を砂という。その膠結物が砂岩。

見分け方　砂粒の大きさが，2〜1/16mmであることが一番の特徴。膠結物の量がまったくないか，わずか(10〜20％)のものをアレナイト，20〜75％と多いものをワッケという。75％以上は泥岩という。

種　類　砂岩は膠結物の種類によって泥質砂岩，シルト質砂岩，粘土質砂岩，石灰質砂岩，珪質砂岩，鉄質砂岩，炭質砂岩，凝灰質砂岩などと命名される。

目につく鉱物　砂粒としてもっとも目につく鉱物は石英，長

▲11-3

▲11-4

▲11-5

▲11-6

▲11-7

▲11-8

石の鉱物片で硬く割れにくく，分解・風化しにくいものが多い。特別な物質としては磁鉄鉱，クローム鉄鉱，チタン鉄鉱などが目につくことがある。

産　地　豊平川中流域の左岸で砥山発電所付近に砂岩と泥岩の互層の大露頭や砂岩中のラミナ，断層が見られる。余市の手前忍路トンネルの桃内の白い崖では凝灰岩と砂岩の互層が，夕張の紅葉山トンネルでは緑砂岩とカキの化石の層状密集が見られる。幾春別の桂沢湖のダムの下では白亜紀の三笠層の砂岩と多くの海洋生物の化石が見られる。

11-1　初山別村
11-2　福島町潤内
11-3　三笠市幾春別
11-4　福島町潤内
11-5　福島町潤内
11-6　福島町潤内
11-7　平行ニコル，11-8　直交ニコル

▲12-1

12
泥岩
Mudstone

泥(粒径が1/16mm以下)が圧縮・脱水によって固化した堆積岩。無層理のものが多い。細粒の破砕物の集合のため、ほとんど無色(白色・灰色・黒色)。ある種の粘土鉱物の集合の泥岩は緑色。

見分け方 　泥は、$1/16 (= 2^{-4})$ 〜$1/256 (= 2^{-8})$ mm までをシルト、それ以下を粘土という。これは砕屑物がおもに長石・石英などの鉱物片からなるか、粘土鉱物からなるかの境目に相当する。

種類 　シルトの石化したものはシルト岩、粘土の石化したものは粘土岩。両者を総合して泥岩とよぶ。泥岩のうち、剝離性の発

▲12-2

▲12-3　　　▲12-4

達したものを頁岩 Shale という。泥岩や頁岩がさらに，低い変成をうけて硬く緻密になり，剥離性が強くなったものが粘板岩 Slate である。泥岩とこれを起源とする岩石は地球表面でその分布がもっとも広く，70〜80％に達する。

目につく鉱物 無色透明の石英片か，白色半透明の長石片。形はいずれも丸みをおびる。無色不透明の粘土鉱物は目では判断できない。

産　地 札幌市内では三角山麓，豊平川沿いに随所。望来の海岸，部厚い幌内層泥岩。道南では松前，今金町種川，八雲町遊楽部川沿いの八雲層から。道北では留萌の大和田土取場の増毛層。道東で浦幌町厚内駅の北と東の白糠層から産出。

12-1 岩見沢市志文
12-2 札幌市簾舞
12-3 平行ニコル，12-4 直交ニコル

▲13-1

13

石灰岩(大理石を含む)
Limestone (Marble)

　主として方解石（$CaCO_3$）からできているが，その構成物質は形成機構や起源でひじょうに異なるいろいろなものを含んでいる。化学的または生化学的に沈殿してできたものと生物の遺体(化石)からできているものとがある。変質や変成をうけて再結晶化したものを大理石とよぶ。Ca以外にMg, Fe, Mnなどの成分を含んでいることも多く，美しい色や縞模様を示すこともある。

| 見分け方 | 石灰岩は多くは無色で結晶粒はルーペでも見分けられないことが多い。大理石では，方解石の結晶粒が一般にモザイク状の組織となって肉眼でも見える。両者と

▲13-2

▲13-3

も希塩酸を滴下すると発泡(二酸化炭素)するのできわめて見分けやすい。

種　類　まったく同じ組織であるが、結晶粒度の違いで石灰岩と大理石のふたつの名称がある。Caの代わりに半分がMgに置きかわった鉱物をドロマイト(苦灰石) $[CaMg(CO_3)_2]$ といい，この鉱物でできている岩石を苦灰岩という。苦灰岩は石灰岩といっしょに混合物となってでることが多い。

目につく鉱物　方解石のみ。

産　地　石灰岩や苦灰岩など炭酸塩鉱物を50%以上含む堆積岩を炭酸塩岩と総称し，堆積岩の30%前後を占める。地球上に広く分布。上磯町，当麻町開盛，中頓別町など。

13-1 日高町，13-2 日高町
13-3 平行ニコル

▲14-1

▲14-2

14
チャート
Chert

　もっとも代表的な珪質の化学的堆積岩で，緻密な潜晶質の岩石。純粋なチャートは95％以上がSiO$_2$。

見分け方　鉱物組成の大部分が石英であることから大変硬い。カッターの刃先でも傷がつかないことで石灰岩とは区別がつく。またフッ化水素でしか発泡しないので，希塩酸を滴下して見分けられる。

種　類　2〜5cmの厚さでよく成層した層状を示し，しばしば1〜5mm程度の泥質層とリズミカルに互層する層状チャートをつくることが多い。変質や変成をうけて層理面がよくわからなくなり，一見，塊

状に見えるものを塊状チャートという。

目につく鉱物 層状，塊状ともに目につく鉱物は微小の潜晶質石英と玉髄質石英のみ。層状チャートには珪質の放散虫や海綿の化石が見られる。

産地 地向斜の深海堆積物としてわが国でも主要な堆積岩のひとつである層状チャート。中・古生代の緑色岩類やマンガン鉱床にともなう塊状チャートは北海道の中生代(常呂町，江丹別町，大千軒岳)にもよく見られる。

14-1 常呂町日吉
14-2 常呂町日吉
14-3 旭川市江丹別
14-4 旭川市江丹別
14-5 松前町江良
14-6 静内町
14-7 平行ニコル
14-8 直交ニコル

▲15-1

15
凝灰角礫岩
Tuff breccia

　粒径32mm以上の火山岩塊と多量の火山灰の細粒基地とからなる火砕岩。

| 見分け方 | 火山岩塊がもっとも多く目につく。岩塊のなかにも，基地を構成している火山灰のなかにもガラスが目につく。|

| 種　　類 | 起源が陸上火山か水中火山かにより種類が異なる。陸上火山でできるときは火山岩塊が50%以下の場合は，凝灰角礫岩，50%以上のものを火山角礫岩という。基質のなかに火山弾が散在するときは，集塊岩 Agglomerate とよぶ。水中，とくに海底火山起源によるものは不明の点が多く，深海，浅海によってもいち

▲15-2

▲15-3 ▲15-4

じるしく異なり、またマグマの性質によっても異なった性質が見られる。本書では、ハイアロクロスタイトと総称するということにとどめる。

目につく鉱物　結晶ではないガラスのほかは火山岩構成の鉱物で特定の鉱物はない。

産地　洞爺湖西岸、旭浦をすぎると湖岸の道路沿いに崖が見える。これが湖の基盤をつくる凝灰角礫岩である。森町から鳥崎川をのぼり屏風崖をとおり二見ヶ滝につく。この滝の石から獅子狭間まで、この岩石が続く。上の国町上国鉱山の最下部や熊石町相沼の採石場の上部も産地のひとつ。

15-1 長万部町国縫
15-2 小樽市張碓
15-3 平行ニコル
15-4 直交ニコル

▲16-1

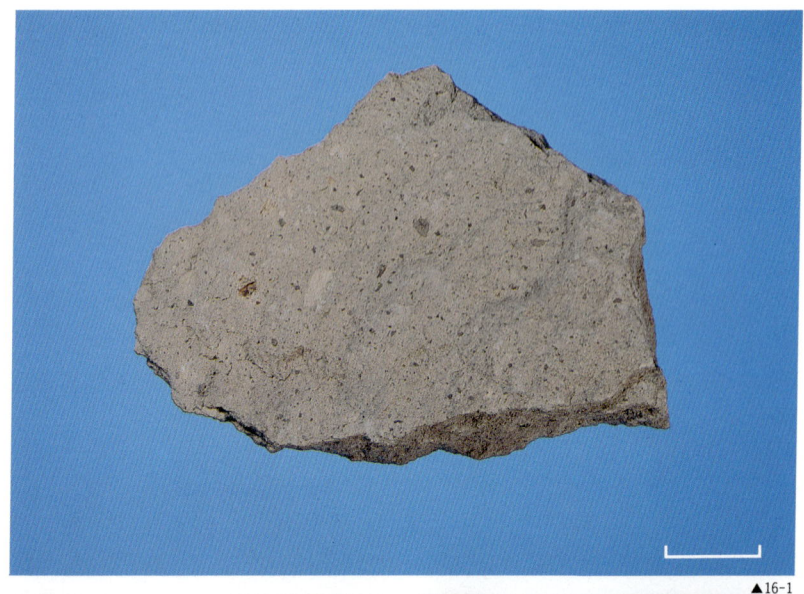

▲16-2 ▲16-3

16

凝灰岩
Tuff

　粒径4mm以下の火山性細粒物質（おもに火山灰）か固められてできた堆積岩。噴火のさい，空中に放出されたり，高温の火山灰，軽石，スコリアなどが火山ガスとともに火口から乱流となって流下したり，火山ガラスや結晶粒が流下途中で高温下で変質，変形したりしてできる。またふつうの砕屑堆積物をまじえて固まることも多い。

| 見分け方 | 細礫（4mm）以下の構成粒子が大部分であること，火山灰であることが特徴。 |

| 種　類 | 主要構成物質が火山ガラスのとき，ガラス質凝灰岩とよび，結晶質，石質，結晶ガ

▲16-4

▲16-5

ラス質などの形容詞をつける。ふつうの砕屑堆積物が混ざっているときは混性凝灰岩，少量の砂を含むときは砂質凝灰岩とよぶ。逆に砂や泥が多いときは，凝灰質砂岩とか凝灰質泥岩という。

| 目につく鉱物 | 粒径のみが指標で，鉱物としては特にない。|

| 産　　地 | 裏日本の第三系の火山性堆積層や北海道を含め日本各地に見られる第四系の新規火山とその周縁地域の山地，丘陵に広く見られる。支笏湖火山源の凝灰岩や溶結凝灰岩（石山軟石）が豊平川沿いに平岸台地から豊平峡まで広域に産出。占冠では白亜紀の古い火山のもの，道南では八雲層（主体の頁岩のなか）や訓縫層（主体の緑色の凝灰岩）の分布する各地に，道東では芽登，屈足，津別，陸別など。

16-1・4・5 札幌市滝野
16-2 平行ニコル，16-3 直交ニコル

▲17-1

17
ホルンフェルス
Hornfels

　代表的な接触変成岩。花こう岩などの高温の火成岩の貫入をうけた岩石が,その熱のために変成作用をうけ,もとの鉱物はほぼ完全に改変され新らたな微細な結晶となった岩石(再結晶作用という)。熱変成岩ともいう。構造運動(圧力)をあまりうけない条件下でできるので,剝離性は少なく,角張った破面で割れる。接触変成作用では,再結晶作用が完全であっても,個々の鉱物が大きく成長するほど十分に進むことはまれで,そのために,ホルンフェルスは細密で緻密な岩石である。日高変成帯のような広域変成帯でも類似した岩石が見られ,ホルンフェルスまたは片状

▲17-2

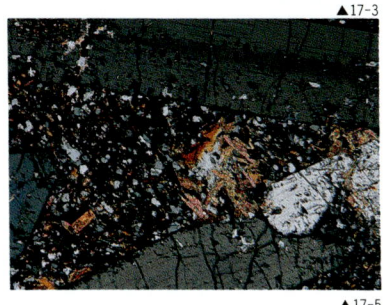

▲17-3

▲17-4

▲17-5

ホルンフェルスの名でよばれている。

見分け方 もっとも一般的な泥質岩を源岩とするものでは，黒雲母・石英が再結晶し，黒雲母の色のために全体が赤紫色を示す細粒緻密な岩石となっている。顕微鏡で見ると源岩の堆積構造は消え，黒雲母・石英が寄木細工のように集まった組織（グラノブラスチック）をもつ。

種　類 泥質岩起源のものは黒雲母・石英のほか，大型の菫青石や紅柱石などの結晶（斑状変晶）をともなうことがあり，それぞれの鉱物名を冠して菫青石ホルンフェルス，紅柱石ホルンフェルスなどとよぶ。砂岩を起源とするものは珪岩とよばれ，石英・長石（少量の雲母）からなる。苦鉄質の火成岩・堆積岩起源のものは，高温(600〜800℃)では輝石が，中温で

は角閃石が，もっと低く(500℃)なると緑閃石が形成され，特徴のある鉱物名をとって角閃石ホルンフェルスというようによばれる。

目につく鉱物 石英・斜長石・黒雲母が主要鉱物。不定形の石墨をともなうことが多い。これに斑状変晶である大型の菫青石・紅柱石・ザクロ石などがつくことがある。苦鉄質岩を起源するものは，緑閃石・角閃石・輝石・斜長石などからなる。

産　地 奥士別・上川・浮島峠・今金・大千軒岳など花こう岩・斑れい岩類の貫入した周辺。また日高山脈東縁部など。

17-1　朝日町奥士別似様
17-2　平行ニコル，17-3　直交ニコル
17-4　紅柱石ホルンフェルス・平行ニコル
17-5　紅柱石ホルンフェルス・直交ニコル

▲18-1

18
角閃岩
Amphibolite

　苦鉄質の凝灰岩・火成岩が変成作用をうけてできた岩石。一般に黒色または暗緑色で細粒ないし中粒で塊状。剝離性をもつものは角閃石片岩とよばれる。緑色片岩の形成する条件よりさらに温度・圧力の高い条件でできる。

見分け方 含まれている角閃石・緑簾石のために、全体として暗緑色を示し、角閃石・斜長石などの結晶を肉眼で見ることができる。多くの場合これらの鉱物は一方向に配列し片理を形づくっているが、剝理性は弱く、塊状のものもある。

種類 温度や圧力の低い条件でできたものは、緑泥

▲18-2

▲18-3　　　　　　　　　　　▲18-4

石や緑簾石と，ときに黒雲母・ざくろ石を含んでいて，緑簾石角閃岩とよばれる。変成温度の高い条件でできたものは緑泥石・緑簾石をともなわず，角閃石・斜長石を主成分とし，ざくろ石をともない狭義の角閃岩である。さらに高温下でできたものには輝石が含まれ，輝石角閃岩とよばれる。

| 目につく鉱物 | 角閃石・斜長石が一般的。ざくろ石をともな

うことがあり，これは鉄分に富むざくろ石である。そのほか緑泥石・緑簾石・輝石などが目につく。

| 産　　地 | 神居古潭変成帯の知駒岳・夕張岳・蓬莱山(三石)など。

18-1　三石町蓬莱山
18-2　三石町蓬莱山
18-3　平行ニコル，18-4　直交ニコル

▲19-1

▲19-2

▲19-3

19

結晶片岩
Crystalline schist

　一度できた岩石が，まわりから熱や圧力をうけて新しく変わってできた広域変成岩のひとつ。変成岩はもとの岩石のなかの鉱物が新しく結晶しなおしたり，ほかの種類の鉱物になると同時にその組合せや並び方も変わる。

| 見分け方 | 板状や棒状の鉱物がある方向に並んでいるので，平行な面(片理)が見られ，うすく剥がれやすい。本のページをめくるようにうすく剥がれるものと，それほどでもないものとがある。|

| 種　類 | 色と特性から千枚岩(黒色片岩)・緑色片岩・青色片岩に分けられ，もとの岩

▲19-4

▲19-5

▲19-6

も目につく鉱物の種類もそれぞれ異なる。

目につく鉱物 千枚岩は泥岩から低い温度・圧力で変成し石墨が多く含まれ黒く見える。緑色片岩は苦鉄質の凝灰岩から高い温度で変成し角閃石・緑泥石・緑簾石など緑色の鉱物が多い。青色片岩はいろいろな岩石が高圧, 比較的低温で変成し, 藍閃石(角閃石の一種)ができ青色になる。

産 地 日高山脈の西側。神居古潭・江丹別峠(旭川市)・夕張・芦別岳・蓬莱山(三石町)など神居古潭帯とよばれる地帯。

19-1 青色片岩・幌加内町江丹別峠
19-2 青色片岩・平行ニコル
19-3 幌加内町江丹別峠
19-4 緑色片岩・三石町蓬莱山
19-5 緑色片岩・直交ニコル
19-6 緑色片岩・幌加内町江丹別峠

▲20-1

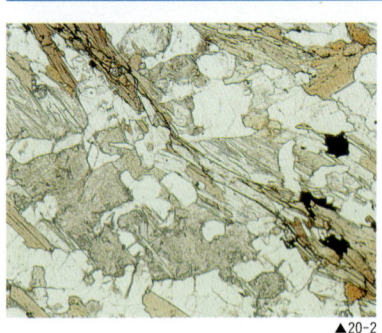

▲20-2 　　　▲20-3

20
片麻岩
へんまがん
Gneiss

　広域変成作用でできた高変成度の粗粒な縞状構造をもつ岩石。結晶片岩に比較して変成の温度が高い。中粒から粗粒の岩石で、有色鉱物と無色鉱物とがそれぞれ集まって、1cmくらいの平行な縞状の構造（片麻状構造）をもつのが特徴。高温下での変成作用のため、岩石内での元素の移動がある程度起こりやすく、有色鉱物をつくる元素と無色鉱物をつくる元素が分離濃集し、縞状構造をつくる。

見分け方　中粒か粗粒の完晶質の岩石。石英・長石の集合する白色（無色）部と、雲母・ざくろ石・角閃石などの有色部とがくりかえ

▲20-4

▲20-5

す平行な縞状構造をもつ。しばしば珪線石などの高温を示す鉱物をともなう。

種類 泥質岩起源のものは黒雲母片麻岩とよばれ、もっとも一般的。苦鉄質火山岩・同質凝灰岩を起源とするものは角閃石や輝石を含み、角閃石片麻岩とよぶ。とくに輝石の多いものを輝石片麻岩という。チャートや砂岩からできたものは、石英を主とし雲母をともない珪質片麻岩とよぶ。

目につく鉱物 黒雲母片麻岩では石英・カリ長石・斜長石・黒雲母・白雲母がふつうに見られ、ざくろ石・菫青石・紅柱石・藍晶石・珪線石・十字石などの変成鉱物を含むことがある。珪線石黒雲母片麻岩のように、それぞれの鉱物名を冠してよばれる。角閃石片麻岩では、斜長石・角閃石を主とし、これに少量の石英・黒雲母・ざくろ石・輝石などを含む。

産地 日高変成帯。とくに猿留川地域・ルーラン岩礁(えりも町)など。

20-1 えりも町目黒
20-2 平行ニコル
20-3 直交ニコル
20-4 えりも町目黒
20-5 えりも町目黒

62〜149

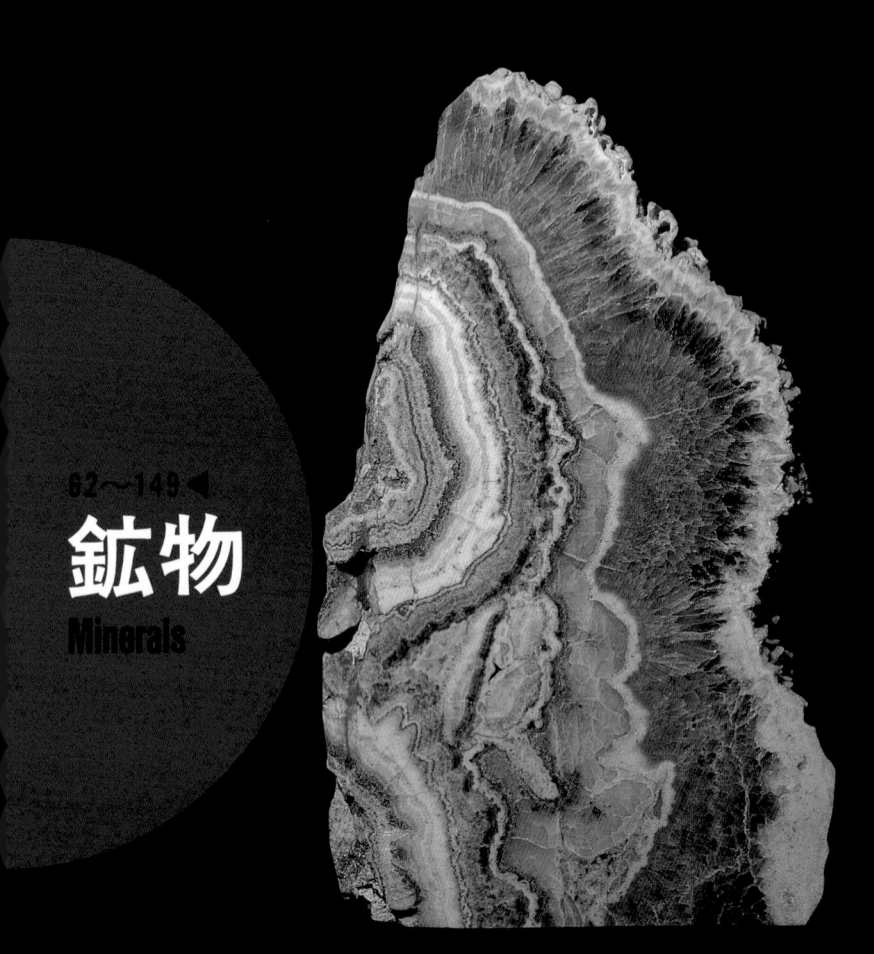

鉱物
Minerals

光竜鉱山産金銀鉱石
北海道大学総合博物館蔵（松枝大治氏採集）

鉱物とは

　地殻を構成しているのは岩石である。その岩石は多数の鉱物の集合体からなっている。鉱物とは天然に産する無生物で、ほぼ一定の化学成分を持っている。現在2000種ほどの鉱物が知られているが、このうちおよそ300種類くらいの鉱物が主に地殻を構成していて、そのほかのものは比較的まれな条件のもとで形成したものである。このほか、近年、人工的に鉱物が合成されるようになり、これらは人工鉱物とよばれている。

　鉱物は大部分が結晶で、まれに非結晶のものがある。結晶は原子の規則正しい配列のくりかえしからなっている。その結果、結晶は規則正しい平面によって取り囲まれた形態を示す。この平面を結晶面といい、これは原子の配列する平面(原子網面という)に平行である。結晶には対称要素があり、32晶族の結晶形態、結晶構造からは230の空間群に分類される。また座標軸を設定して6つの結晶系に分けられる。これらについては見返しの表を参照されたい。結晶の化学組成は通常一定で均質であり、その光学的性質・硬度・面の発達・膨張率などの物理的性質は方向によって異なるものがある。これを異方性という。

　鉱物には、ダイヤモンド(C)、石墨(C)、硫黄(S)、自然金(Au)、自然銀(Ag)などのように、ただ1種類の元素からなるものがあり、元素鉱物とよばれている。大多数の鉱物は2種類以上の元素からなっていて、元素のあいだには一定の関係があり、各鉱物の化学成分を化学式であらわすことができる。しかし鉱物は一般につねに一定の化学成分を持っていることはまれで、産地、成因にかかわらず一定の化学成分を持っているものは石英(SiO_2)のみである。鉱物にはまた、その化学成分がある範囲にわたって連続的に変化するものがある。それはちょうど食塩水がNaClとH_2Oが任意の割合で混じり合うように、固体であっても任意の割合で混じり合っている。このようなものを固溶体といい、たとえば長石はその典型的な例である。また、結晶構造を異にする2種類以上の鉱物が、同じ化学成分を持つことがある。これを他形(同質異像)という。ダイヤモンドと石墨はともに炭素(C)からなり、この例である。

▲21-1

21

自然金
Native gold

見分け方 結晶形が見えることはきわめてまれ。塊状・粒状または薄片状。砂金は段丘の礫層、現河川床に見られる。さびていることはない。同じ黄金色をした黄鉄鉱(鉄さびをともなう)、黄銅鉱(銅の赤と青のさびをともなう)と見誤らないように注意。金粒は石にのせハンマーでたたくとのびる。黄鉄鉱は砕ける。黄銅鉱は非常にもろい。

結晶の形 等軸晶系。八面体・十二面体の結晶形など。そのほか樹枝状結晶で産出。

化学組成 純粋にはAu100%。しかし銀や銅とは同じ結

▲21-2

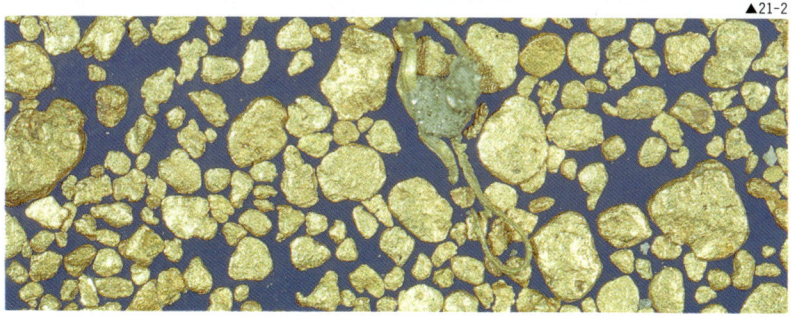

▲21-3

晶族(同形という)で，天然にもいろいろの割合で合金をつくる。含有量の割合で色が異なる。銀が含まれると青白く，銅が含まれると赤色を帯びる。

| 産　状 | 金銀鉱床(金・銀・石英などでつくる)や多金属鉱床(銅・鉛・亜鉛の硫化物と共生)から掘りだされた金を山金という。山金が岩石といっしょにこわされて昔や現在の川底にたまったものを砂金という。

| 産　地 | 山金：鴻之舞，千歳など。砂金：浜頓別町のウソタンナイ砂金公園(エトルシュオマプ沢)は今でも産出し，1900年に770gの砂金塊がでた。各地の沢で小規模に産し，砂金沢などの名を残している。

21-1 自然金の葉状結晶・千歳市千歳鉱山
　　(三菱マテリアル中央研究所蔵)
21-2 自然金のウィスカ・千歳鉱山
21-3 砂金・枝幸町(秋葉力氏蔵)

▲22-1

22
自然銀
しぜんぎん
Native silver

見分け方 銀白色の金属光沢の結晶。結晶形は示さないのが普通。柔軟な金属で手で曲げられる場合もある。比重が10〜11と重い金属。酸化してさびているときは淡い暗赤色。ときには黒く見えることもある。

結晶の形 等軸晶系。六面体・八面体・十二面体の結晶であるが，天然産では通常樹枝状，塊状，毛状など。

化学組成 純粋にはAg100%。しかし金とのあいだでは連続固溶体結晶を，銅とのあいだでは部分的に固溶体結晶をつくる。また水銀とも合金をつくることがある。

▲22-2

▲22-3　　　　　　　　　　　　▲22-4

| 産　状 | 中温または低温の熱水鉱床の鉱脈，または各種銀鉱床の酸化帯に産出する。ときには鉛，亜鉛鉱脈の晶洞中に針状，毛状，捩糸状またはそれらの集合体をなして産出する。

| 産　地 | 北海道西南部の新第三系にともなう火成活動地に多い。千歳鉱山(千歳市)，轟(とどろき)鉱山(赤井川村)，豊羽鉱山(札幌市)，大江鉱山(仁木町)，上国(じょうこく)鉱山(上ノ国(かみのくに)町)などが有名。

22-1 自然銀のウィスカ・札幌市豊羽鉱山（豊羽鉱山蔵）

22-2 自然銀・札幌市豊羽鉱山（豊羽鉱山蔵）

22-3 濃紅銀鉱・札幌市光竜鉱山（松枝大治氏蔵）

22-4 輝安銅銀鉱・札幌市光竜鉱山（松枝大治氏蔵）

▲23-1

23

自然白金
Native platinum

> 見分け方

白色または鋼灰色不透明で金属光沢がある。ハンマーでたたくと砕けずに展性、延性の性質を示す。吹管で熱しても溶けない。熱王水以外どの酸にも溶けない。非常に重い金属で純粋には計算値上, 比重21.46。しかし一般に産出するときはほかの白金族をはじめ多くの元素と合金をつくり不純物も混入するため、比重は14〜19を示す。

> 結晶の形

等軸晶系。まれに偏奇した六面体結晶が見られるが、一般的には粒状、鱗片状が多い。

白　金

　白金は Ir, Os, Pd, Rh, Ru など と合金をつくることが多く，わが国では北海道に限ってその産出が知られているが，とりわけ高圧型の変成岩(片岩類)と蛇紋岩をともなう神居古潭変成帯に限られて産出する。その採掘は川の流れによって運ばれて堆積した砂白金を採集することに限られていた。砂白金掘りの人々は人の通わぬ深い沢のなかに粗末な小屋掛けをして寝泊りし，カッチャとよばれるきわめて簡単な用具を使って川砂を集め，礫や粗い砂粒を取り除いたあと木製の椀で流水によって選別する"椀かけ"という原始的な方法で採掘を行なっていた。南アフリカのブッシュフェルド火成岩体などで，苦鉄質ないし超苦鉄質岩中に白金の存在が知られていて，神居古潭帯でも超苦鉄質岩に由来する蛇紋岩体から洗いだされたものであることは確実とみられていた。

　故舟橋三男先生によれば，長年この地帯に産出する砂白金を買集めていた島田要一氏の記録から雨竜川沿いの鷹泊北方の蛇紋岩中を流下する河川で採取される砂白金のサイズ・色調から，この岩体中に2カ所の発源地が想定されていたという。しかし実際に蛇紋岩のなかから白金鉱物を見出すことは,実現されなかった。ところが砂白金の採取がほとんど行なわれなくなった1991年に行なわれた「南部日高地域レアメタル調査」の際，道立地下資源調査所の黒沢邦彦氏によって沙流川流域で採取された蛇紋岩の研摩薄片から高い反射率をもつ鉱物が発見され，地質調査所北海道支所の太田英順氏による X 線分析(EPMA 分析)の結果,これが白金族元素であるイリドスミンからなる鉱物であることが確認された。わが国における最初の岩石中における白金鉱物の存在の確認となった。

　白金は装飾品などへの需要のほか，自動車の排気ガス浄化のための触媒に使用されるなど工業的な需要が高まっている。

化学組成　純粋には Pt100%。つねに Ir, Os, Rh, Pd, Fe および Cu, Au, Ag, Ni などが少量，あるいは微量含まれる。Ir：Os がだいたい50%：50%で少量の Pt が含まれる六方晶系のイリドスミン Iridosmine が同時によく産出することに留意。

産　状　苦鉄質ないし超苦鉄質岩マグマからできた深成岩の岩体中，および風化に由来する漂砂鉱床(砂鉱ともいう)中に産出する。

産　地　白金は神居古潭系の近くの砂鉱床が主産地。平取町ニセウ，シューパロ川，鷹泊などが知られている。

23-1 夕張市夕張川(秋葉力氏蔵)

▲24-1

24
石墨
せき ぼく
Graphite

見分け方 銀黒色ないし鋼灰色不透明で金属光沢がある。鱗片状または塊状。きわめて軟かい。爪でかんたんに傷がつく。硬度1〜2。小さな結晶片では輝水鉛鉱と見違える。輝水鉛鉱は鉛白色で重く、針でつくと折れ曲り元に戻らない。

結晶の形 六方晶系。通常は土状、粉状、塊状で明瞭な結晶形を示さない。結晶形を示す場合は六角板状。双晶$\{11\bar{2}1\}$を示すこともある。劈開は六角板状の底面。
へきかい

化学組成 純粋にはC100%、黒鉛ともいう。ダイヤモンドとは同質多像の関係。ダイヤモン

▲24-2

▲24-3

は地球上でもっとも硬い結晶。

産　状　マグマ中の炭素や炭素化合物の還元分解・結晶化により生成する。磁硫鉄鉱床にともなっても産出する。さらに，ある種の苦鉄質岩中に見られる。このようにさまざまな産状が知られているが，大規模な石墨鉱床の成因については不明なところが多い。

産　地　音調津の磁硫鉄鉱床にともなう斑れい岩中に石英と共生し球状をなして産出する。また北海道南部の松前・江差地方では古生層の粘板岩が破砕帯で石墨化して産出する場所が広く見られる。

24-1　広尾町音調津鉱山
24-2　断面・広尾町音調津鉱山
24-3　断面拡大・広尾町音調津鉱山

▲25-1

25

自然硫黄
Native sulphur

見分け方 黄色の比較的軟かい鉱物で常温で安定。透明か半透明。結晶として産出することもまれではないが球状，腎臓状，鐘乳状が多い。真珠光沢か脂肪光沢。270°Cで青白い炎をあげて燃え，特有の刺激臭ガス(SO_2)を発生する。

結晶の形 斜方晶系。複錐状の結晶，または厚板状。95.6°C以上で単斜晶系のβ-硫黄に変わる。天然産のものはこの逆の現象が起こるからβ-硫黄の仮像(長柱状結晶)が見られることに注意。

化学組成 S100%の純粋なものが産出しやすい。ときに

▲25-2

▲25-3

は同族元素の Se, Te が含まれる。Se 混入のとき赤黄色を呈することがある。

| 産　状 | 主として火山活動の産物として噴気口周辺や火山ガスによる交代鉱床に産出する。ときには硫黄のみの溶岩流として噴出する例もある。また温泉沈澱物，岩塩ドーム中，石油鉱床中にも産出する。岩塩，石油にともなうものは日本にはない。

| 産　地 | 主として火山活動の産物として噴気口周辺の昇華物(知床，大雪，恵山)。新第三紀から現世にかけての火山岩中(岩尾，白老，横津)。沈澱硫黄(阿寒，北湯沢)。硫黄溶岩流(知床硫黄山，十勝岳)。

25-1 知床硫黄山(北大地球惑星教室蔵)
25-2 知床硫黄山
25-3 弟子屈町硫黄山

▲26-1

26

鶏冠石(けいかんせき)
Realgar

見分け方 赤色から橙黄色の美しい樹脂光沢で，透明から半透明。劈開(へきかい)が良好でもろく割れやすい。長く光に曝(さら)すと黄色の粉末(オーピメント As_2S_3 と As_2O_3 との混合物)に分解する。ふつうは塊状か土状で産出する。炭火(すみび)程度の温度で加熱すると，にんにく臭の白煙をだす特徴がある。

結晶の形 単斜晶系。自形は短柱状であるが，ふつうは塊状，土状。

化学組成 As_4S_4，陽イオンと陰イオン間の結合以外に陽イオン間の結合を含む構造を持つ。鶏冠石では As–As 間の結合がある。

▲26-2

▲26-3

産 状 オーピメントとともに火山の噴気孔中に産する。また安山岩中の鉛・亜鉛などの鉱脈型鉱床生成の最末期に少量産出する。黒鉱鉱床中に脈をなし，水銀鉱床にともなわれて少量産する。

産 地 恵山ではオーピメントとともに噴気孔中に，定山渓の白水川，薄別川では安山岩中に脈をなして，手稲鉱山では石英脈中に結晶が産出する。

26-1 札幌市手稲鉱山
26-2 札幌市手稲鉱山
26-3 札幌市手稲鉱山

▲27-1

27
閃亜鉛鉱
Sphalerite

見分け方 黄色または橙色で淡色から濃色，明色から暗色まで幅広い。透明結晶としてよく産出する。共生鉱物には金属光沢のものが多いが本鉱物は樹脂またはダイヤモンド光沢。劈開が完全で平面に割れる。

結晶の形 等軸晶系。正四面体，正八面体または正十二面体の自形が多い。しばしばそれらに複雑な結晶面を加えて集合体結晶をつくる。1020°C以上では同質多像で六方晶形のウルツァイト(β-ZnS)に転移する。常温ではその仮像を示すことがある。双晶をなす場合も少なくない。

▲27-2

▲27-3

▲27-4

| 化学組成 | ZnS。ZnはFeで置換され，最高Fe26w%（45モル%）まで含まれる。そのほかにMn，Cd，In，Gaなどが置換して含まれる。 |

| 産　状 | もっともふつうにZnを含んだ鉱物で広く産する。とくに方鉛鉱や黄銅鉱とともに交代鉱床や熱水鉱床などで顕著。黒鉱鉱床にはふつうであり，含銅硫化鉄鉱床で副成分鉱物になる。 |

| 産　地 | 熱水鉱床としては豊羽，手稲，本庫，銭亀沢，稲倉石など多数。黒鉱鉱床では国富，松倉，余市の諸鉱山など。含銅硫化鉄鉱床では音調津，下川などの諸鉱山。 |

27-1 八雲町八雲鉱山
27-2 八雲町八雲鉱山
27-3 八雲町八雲鉱山
27-4 函館市銭亀沢鉱山

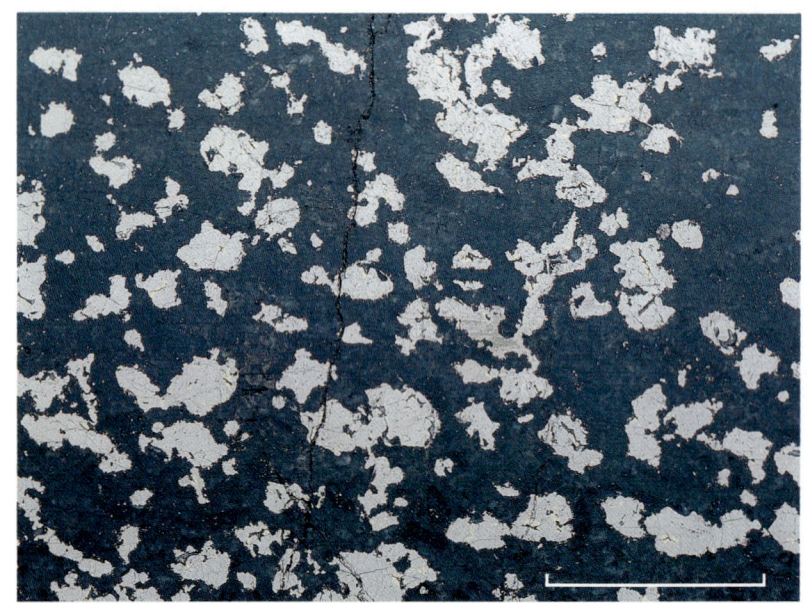

▲28-1

28

磁硫鉄鉱
Pyrrhotite

| 見分け方 | 鉄の硫化鉱物。不透明で金属光沢があり，帯赤色の古銅黄色。黄鉄鉱とよく共生するが特有の帯赤色で見分けられる。通常は塊状，粒状集合体で結晶はまれ。天然には少ない磁性鉱物。磁鉄鉱に比較すると磁性ははるかに弱いがコンパスの針の振れで簡単にわかる。

| 結晶の形 | 単斜晶系，六方晶系。板状または錐状。しかし結晶としてはほとんど産出しない。

| 化学組成 | 一般式では $Fe_{1-x}S$ であらわされる不定比化合物。トロイライト Troilite といわれる六方晶系の FeS，単斜晶系の $Fe_{11}S_{12}$，Fe_9S_{10}，Fe_7S_8 の4タイプがある。天然には2種以上の混合物として産出。

| 産　状 | 苦鉄質火成岩，ペグマタイト，接触交代鉱床，高温熱水鉱脈さらに堆積岩中にも産する。隕鉄のなかに多量に見られるのはトロイライトで磁性はない。

| 産　地 | 中生代の斑れい岩中に鉱染状に産出する日高山脈南部の音調津や幌満の鉱山，あるいは道北の古期変成岩中の変成鉱床として下川鉱山など。

28-1 広尾町音調津鉱山（北大地球惑星教室蔵）

▲29-1

29
辰砂 (しんしゃ)
Cinnabar

見分け方 朱色（深紅色透明な結晶か褐赤色不透明な塊状）の鉱物。古くからこれで朱肉をつくった。透明の結晶はきわめて珍しい。大変重い（比重8.1）水銀鉱物。似た鉱物に鶏冠石（橙色で軽く焼くと悪臭）と赤銅鉱（暗赤色，八面体の小さい結晶がふつうに見られる）がある。

結晶の形 六方晶形。広底面の複雑な面が集形した菱面体結晶か，上下の底面と菱面体が発達し湾曲して樽状型の結晶が産出するが，きわめてまれ。不定形のことが多い。

化学組成 HgS。ときに自然水銀（液体で球状）をともなうことがある。

産状 日高山脈古期岩層中の石灰岩や蛇紋岩と密接な関係をもち，南は日高様似（ひだかさまに）から北見へと帯状に点々と連続して産出する。また，大雪山の東側で第三期の変質（だいせつ）した安山岩にともなうものと流紋岩と密接な関係をもつものとがある。

産地 古期岩の石灰岩中に産出する様似鉱山では網状脈や鉱染状に水銀，黄鉄鉱などと共生する。変質安山岩中に胚胎するものではイトムカ鉱山，流紋岩中に輝安鉱 Stibnite (Sb_2S_3) の微脈と共生する産地としては愛山渓（あいざんけい）鉱山などが知られる。

29-1 留辺蘂町イトムカ鉱山（北大地球惑星教室蔵）

▲30-1

▲30-2 ▲30-3

30
方鉛鉱
Galena

| 見分け方 | 金属光沢があり，鉛灰色で不透明。ひじょうに軟かく，細粒か粗粒の集合体で重い鉱物。劈開が六面体方向に完全でこの面にそって割れやすい。鉛の主要鉱物で，ほとんどつねに閃亜鉛鉱と共生し，その分布もきわめて広い。

| 結晶の形 | 等軸晶系。正六面体，正八面体の結晶が多い。ふつうは塊状か粒状。後志の玉川と泊川鉱山からは正六面体と正八面体の集形で{111}の方向に伸長した珍らしい針状結晶が産出している。

| 化学組成 | PbS。銀を含むことも多く含銀方鉛鉱ともいわ

▲30-4

▲30-5

れ泊川鉱山から0.3%の銀を含んだものが産出した。同型鉱物のクラウスターライト Clausthalite（PbSe）とは連続固溶体，アルタイト Altaite（PbTe）とは部分固溶体を形成する。

| 産　状 | きわめて広く分布し，接触交代鉱床，鉱脈鉱床，黒鉱鉱床などにふつうに産し，蛍石，重晶石，閃亜鉛鉱，輝銅鉱，黄鉄鉱や石英と共生する。

| 産　地 | 豊羽，八雲，余市，寿都，本庫，泊川，大江，北見，稲倉石，銭亀沢，上国など多数の金属鉱山。

30-1 札幌市豊羽鉱山
30-2 八雲町八雲鉱山
30-3 八雲町八雲鉱山
30-4 札幌市豊羽鉱山
30-5 札幌市手稲鉱山

▲31-1

31
黄鉄鉱
Pyrite

見分け方 真鍮に似た淡黄色金属光沢の鉱物。劈開は不明瞭で貝殻状に割れる。大小さまざまの結晶もよく見られ、産状も広範囲に及ぶ。同じ黄色をした黄銅鉱がいっしょに産出する。黄鉄鉱と比べて色はやや濃く、硬度は3.5でナイフで簡単に傷がつく。条痕色は黄銅鉱は緑黒色、黄鉄鉱は灰黒色。岩石中にも鉱石中にもよく見られる。酸化変質して針鉄鉱Goethite α-FeOOH となり、しばしば仮像となる。

結晶の形 等軸晶系。正六面体、正八面体、五角十二面体など多種類の結晶面とその集形の良

▲31-2

▲31-3

結晶が少なくないが,塊状集合や不規則な形をしているものが多い。{100},{210}面にしばしば条線がある。

| 化学組成 | FeS$_2$。多形鉱物の白鉄鉱は黄鉄鉱より白く,板状または放射繊維状で区別しやすい。

| 産　　状 | 火成岩の副成分鉱物。接触変成岩や岩脈中にも見られる。各種の金属硫化鉱床中,とくに含銅硫化鉄鉱床や黒鉱鉱床に普遍的に産出。堆積岩にもよく見られる。

| 産　　地 | 金属鉱脈中のものとしては豊羽,北見,本庫の鉱山。黒鉱鉱床では余市,国富の鉱山。層状含銅硫化鉄鉱床では下川鉱山など。石崎鉱山では一辺8cmの巨晶も産出。

31-1 函館市銭亀沢鉱山(北大地球惑星教室蔵)
31-2 札幌市手稲鉱山
31-3 夕張紅葉山

▲32-1

黄銅鉱
Chalcopyrite

見分け方 真鍮黄色だが，しばしば変色し虹色を呈する。不透明で，金属光沢をもつ。劈開はほとんど見られず脆弱，不規則な割れ方をする。黄鉄鉱に似る。

結晶の形 正方晶系。通常，四面体結晶で貫入双晶がよく見られる。一般に晶相は変化に富んでいる。結晶面には条線が発達。日本海側第三紀の銅鉱脈型鉱床から{110}方向に伸長した三角板状，三角針状の日本特産の三角銅鉱や耳付き双晶も産する。

化学組成 ひじょうに純粋で，$CuFeS_2$の化学組成と正確に一致する。ただしごく微量のSn，Zn，Ga，In，Ag，Auなどを含む。

産状 もっとも広く産する銅の鉱物で，ほとんどの鉱床型に見出される。とくに熱水鉱床，黒鉱鉱床に多産する。黄鉄鉱，閃亜鉛鉱，斑銅鉱，方鉛鉱，輝銅鉱，石英，方解石と共生する。

産地 熱水鉱床では石崎，銭亀沢，北見，本庫など，金銀石英鉱脈中では手稲，豊羽など，マンガン鉱床中では八雲など。黒鉱鉱床中に産するのは余市。日本特有の耳付き双晶が石崎，本庫鉱山よりでる。

32-1 札幌市手稲鉱山

▲33-1

33

硫砒銅鉱
Enargite

| 見分け方 | 通常，鉄黒色不透明で金属光沢をもつ板状または柱状の結晶。ある面で三連透入双晶をすると星状を呈す。劈開は{110}で完全または明瞭。脆く柱面に多数の条線がある。一般には粒状または塊状で産出する。|

| 結晶の形 | 斜方晶系。自形が見られることが多い。C軸方向に伸びた柱状結晶で，柱面に垂直な条線が見られる。{001}に平行な板状結晶もある。粒状または塊状でも産する。手稲鉱山では最大1cmに達し，ときに底面のみ黄銅鉱の薄膜でおおわれ金色に輝くことがある。|

| 化学組成 | Cu_3AsS_4。少量のFeがCuを，SbがAsを置換することがある。多形鉱物としてルソン銅鉱 Luzonite がある。両者は共生してでるが，ルソン銅鉱は特有の脂感のある暗紅色ないし暗紫色粒状体の集合で，自形結晶がまれなことで区別しやすい。|

| 産　状 | 比較的中低温の熱水鉱床や交代鉱床または黒鉱鉱床より産出する。比較的まれな鉱物。|

| 産　地 | 金属鉱脈中に産するものが大部分で手稲，北見，美園，石崎鉱山など。|

33-1 札幌市手稲鉱山

▲34-1

34
磁鉄鉱
Magnetite

見分け方 磁性が強いことが特徴。黒色不透明。硬度も硬い。

結晶の形 等軸晶系。スピネル族磁鉄鉱系列の代表的鉱物。正八面体の結晶がよくでる。通常は塊状か粒状。

化学組成 $Fe^{2+}O \cdot Fe_2^{3+}O_3$。2価金属は Mg^{2+} と3価金属は Ti^{3+} とのあいだに連続固溶。2価金属では Ni^{2+}, Co^{2+}, Zn^{2+} とのあいだに、3価金属は Cr^{3+}, V^{3+} とのあいだに部分固溶。高温安定相の磁鉄鉱は Fe_2O_3 の固溶が多く、冷却によって赤鉄鉱と離溶共生が出現する。

▲34-2

▲34-3

産状 火成岩や変成岩中で普遍的にでる副成分鉱物。またスカルン鉱床にも産し，それらに由来する漂砂鉱床にもよくでる。

産地 火成岩中からは根室の白亜紀層中に迸入した粗粒玄武岩から，変成岩の斑状変晶としては三石の蓬萊山から，交代鉱床としては桂岡鉱山などからの産出が知られている。漂砂鉱床(通常，砂鉄といわれる)としては噴火湾，オホーツク海の海岸をはじめとして北海道内の海浜にはその産出が多数知られている。

34-1 三石町蓬萊山
34-2 三石町蓬萊山
34-3 三石町蓬萊山

▲35-1

35
クローム鉄鉱
Chromite

見分け方 金属光沢があり黒色。しばしば弱磁性。超苦鉄質岩の副成分鉱物として産出。微粉末(条痕色)がチョコレート色をした褐色であることで確実に見分けられる。

結晶の形 等軸晶系。クローム鉄鉱系列の代表的鉱物。八面体。通常は塊状または粒状。緻密。

化学組成 純粋には $Fe^{2+}O \cdot Cr_2^{3+}O_3$。同じクローム鉄鉱系列の $Mg^{2+}O \cdot Cr_2^{3+}O_3$ (Magnesiochromite)と連続固溶をつくる。Al^{3+} と Fe^{3+} が Cr^{3+} と置換するが，Fe^{3+} の置換は通常少量。Mn と Zn を含むことはまれ。

▲35-2

▲35-3

| 産　状 | かんらん岩や蛇紋岩，その類縁岩石の副成分鉱物として産出。ときには岩漿分化作用により層状の鉱体をつくる。これらに由来する漂砂鉱床をつくる。隕石中にも産出する。クローム鉄鉱鉱床のまわりにはしばしばクロームを含有する緑泥石の仲間である菫泥石を産する。

| 産　地 | 北は天塩から南は日高まで，脊梁山脈の西側に発達する蛇紋岩地帯に高品位鉱が産出する。南部地域では塊状・粒状鉱として八田，日東，右左府，チロロなどの諸鉱山に産出する。神居古潭以北では鉱染鉱床となり，それを根源に問寒別・和寒・幌加内などに漂砂鉱床を形成する。

35-1　平取町振内日東鉱山
35-2　穂別町富内発電所導水坑
35-3　菫泥石・平取町振内日東鉱山

▲36-1

36

赤鉄鉱
Hematite

見分け方 結晶ででるときは鋼灰色ないし黒色。金属光沢があり鏡のような反射面をもつ。鱗片状で産出する場合は暗灰色。緻密塊状または土状のときは赤色か赤褐色。しかしいずれも条痕色は赤色で，条痕色が黒色の磁鉄鉱とは区別しやすい。磁鉄鉱と赤鉄鉱のあいだには，$4FeO \cdot Fe_2O_3 + O_2 = 6Fe_2O_3$ という関係があるので，高温で結晶するときは磁鉄鉱が安定。低温の変成で赤鉄鉱になる。

結晶の形 六方晶系。火山岩中では底面に平行な薄板状結晶，鉄鉱床中は菱面体か厚板状が多い。土状，粒状，魚卵状，ぶどう状，

▲36-2

▲36-3

腎臓状などの結晶集合も示す。

化学組成 Fe₂O₃。Ti, Se を少量含みうる。繊維状のものには数％の水を含有することもある。

産状 赤鉄鉱は主要な鉄鉱物のひとつで，広範囲の産状を示す。おもに，①珪長質岩類の副成分鉱物，②熱水鉱脈中，③後火山作用による昇華物，④鉄鉱床の風化産物，⑤堆積起源の鉄鉱床の広域変成，⑥接触変成鉱床中などに産する。

産地 常呂地域の中生層中のチャートにともなって赤鉄鉱床が知られている。佐呂間町の国力鉱山，仁倉鉱山など。増毛町歩古丹の安山岩の空隙からは六角板状や菱柱状のみごとな結晶が知られている。

36-1 常呂町
36-2 常呂町
36-3 常呂町仁倉

▲37-1

37
鋼玉(ルビー, サファイア)
Corundum (Ruby, Sapphire)

見分け方 硬度は高く9。ダイヤモンドにつぐ硬い鉱物。劈開はなく，わずかに裂開が見られる程度。金剛光沢。色調は無色，灰，青，黄，緑，赤などさまざま。色の相違は微量のCr, Tiなどの不純物,あるいは格子欠陥による。美麗で瑕のない透明なものは宝石になる。桃色も含め赤色系のものをルビー，無色，青色，そのほかの色調のものをサファイアという。数百種もあるどの珪酸塩鉱物より硬い。

結晶の形 六方晶形。ふつう上下の底面のある柱状ないし樽状のものが結晶として産出する。板状や菱面体の結晶は少ない。屈折率

▲37-2

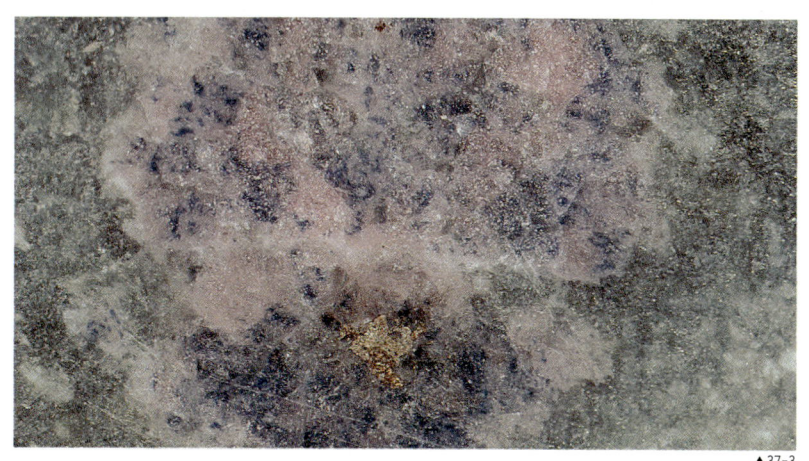

▲37-3

は1.76と高く美しく見える。

化学組成 Al_2O_3。赤鉄鉱とは同族、同構造の結晶。両者はいずれもほかの成分とのあいだにほとんど固溶体をつくらない。

産状 シリカ鉱物(SiO_2)を含まない火成岩の副成分鉱物。火成岩中のAlに富んだ捕獲岩のなか、または石英を含まないでAl_2O_3に富む変成岩のなかに産出する。

産地 下川町一の橋ではホルンフェルス中に斑状変晶としてスピネル、藍晶石とともにでる。幌尻岳では角閃岩中に細脈状をなしてダイアスポアー(AlOOH)とともに産し、その細脈の空洞中に1〜2mm、最大5mmの大きさで藍青色の鋼玉が薄板状結晶として見える。

37-1・3 平取町額平川上流(許成基氏蔵)
37-2 様似町(森下知晃氏蔵・撮影)

▲38-1

38
針鉄鉱
しんてっこう
Goethite

見分け方 鉄鉱物の風化産物や水溶液からの沈澱物。いわゆる鉄錆色をした赤褐色で古くは褐鉄鉱といわれた。結晶はほとんど見ることができない。ふつう，多くは塊状，腎臓状の集合体として産出する。名前は Göthe（有名なドイツの作家）の名に由来する。鱗鉄鉱 Lepidochrocite はまったく同じ組成で，結晶構造は γ-FeO(OH) と異なるが，物性も類似し，産状もほぼ同じ。しかし産出量が少なく，色が赤みがかっており，名前のように鱗片状の集合である。

結晶の形 斜方晶系。針状，または板状。結晶はごくまれ。

▲38-2

▲38-3

| 化学組成 | α-FeOOH(理想的には)。Mn, Al を含むことが多い，ふつう，多量の H_2O を含んでいる。 |

| 産　状 | 風化産物をはじめ，堆積性，浅熱水性，残留，温泉水・海水・地表水からの沈澱などきわめて広い範囲に及ぶ。 |

| 産　地 | かつて鉄鉱石として採掘された倶知安鉱山は比較的規模が大きく，鉄分を含む鉱泉から沈澱堆積した褐鉄鉱床。鉱石の大部分は針鉄鉱。珍しい産状としては名寄の鈴石と高師小僧が知られており，天然記念物に指定されている。

38-1 倶知安町倶知安鉱山
38-2 鈴石・名寄市緑ヶ丘
38-3 高師小僧・名寄市

▲39-1

▲39-2

▲39-3

39
方解石(あられ石を含む)
Calcite (Aragonite)

見分け方　もっとも普遍的に産出する鉱物のひとつ。硬度3の標準鉱物で，爪と同じ硬さ。爪で強くひっかくと互いにきずがつく。ガラス光沢があり，無色から黄，褐，桃，青など多色。三方向に劈開が完全で，割ると平行六面体に囲まれた形になる。同質多形のあられ石とは硬度4で少し硬いことと劈開面が明瞭なのは一方向のみであることで見分けられる。

結晶の形　六方晶系。結晶面は数多く，よく発達して薄板，厚板，短柱，長柱，犬牙状など多種多様。なお，あられ石は結晶としての産出がまれで斜方晶系に属し，ときに双

▲39-4

▲39-5　　　　　　　　　　　▲39-6

晶をして偽六方の外形を示す。あられ石は多くは偏平か針状結晶で産出する。

| 化学組成 | $CaCO_3$。天然では大部分が純粋。しかし菱マンガン鉱($MnCO_3$)とは連続固溶，Fe, Zn, Mgとも部分固溶がある。Co, Ba, Sr, Pbなどとの一部置換も知られている。

| 産　　状 | 石灰岩(大理石)はおもにこの鉱物の集合。火成岩や変成岩の主要鉱物。各種鉱床中，二次鉱物としても産出。

| 産　　地 | 二股温泉の石灰華，当麻，中頓別の鍾乳石と泥岩中の玄能石は有名。

39-1　松前町江良鉱山
39-2　炭酸石灰華・長万部町二股温泉
39-3　鐘乳石・当麻町当麻鍾乳洞
39-4　あられ石・鹿部村鹿部温泉
39-5　直交ニコル
39-6　あられ石・幌加内町

▲40-1

▲40-2 ▲40-3

40

菱マンガン鉱
Rhodochrosite

見分け方　方解石族の鉱物で類似の性質をもつものがあり、濃淡はあるが美しい桃色をしているのが特徴。半透明〜亜透明。産状により黄灰色ないし褐色のものもあることに注意。方解石と異なり結晶産出はまれ。硬度は4で、方解石より少し硬い。劈開は平行六面体の三方向に完全。

結晶の形　六方晶系。結晶はまれであるが産出すれば菱面体、板状、柱状結晶。通常は塊状、皮殻状、ぶどう状集合体。

化学組成　純粋には$MnCO_3$。ふつうはFe^{2+}、Caを含む。菱鉄鉱($FeCO_3$)と方解石($CaCO_3$)との

▲40-4

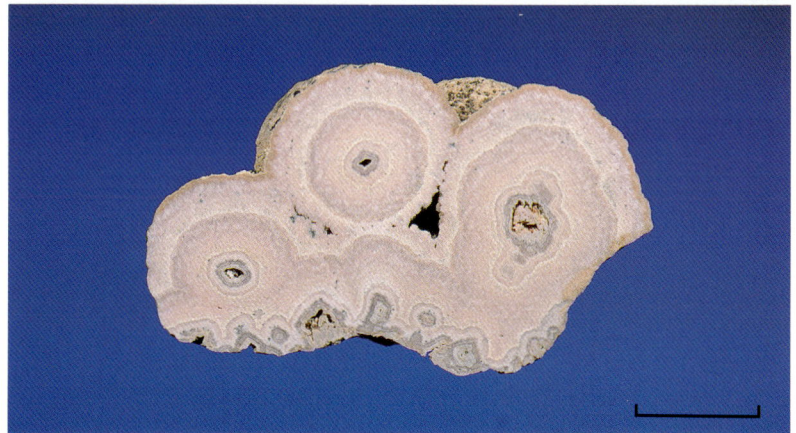

▲40-5

あいだには連続固溶体を、菱苦土鉱（MgCO$_3$）とのあいだでは部分固溶体をつくる。Znを少量含むことも知られている。

| 産　状 | 中〜低温性熱水鉱脈，高温交代鉱床の二次鉱物，堆積物，堆積源のMn鉱床中などに産出。 |

| 産　地 | 北海道では西南部に浅熱水性鉱脈の鉱山が多 |

数知られ，豊羽（とよは），手稲（ていね），稲倉石（いなくらいし），大江（おおえ），轟（とどろき），大金（おおがね），上国（じょうこく），銭亀沢（ぜにかめざわ）などでは淡紅や鮮紅色の美しい結晶を示すことが多い。八雲（やくも）鉱山の美しいぶどう状集合体は世界的に著名。交代鉱床はおもに古期岩層のチャートを交代したものでバラ輝石と共存し，褐色や黄褐色を呈し，産地として江良（えら），シビウタンなどが知られる。

40-1〜5 八雲町八雲鉱山

▲41-1

41
重晶石(じゅうしょうせき)
Barite

|見分け方| 透明な結晶で通常，無色か白色が多いが，淡い青色，褐色などもある。外見の似ている方解石などと比較して重い(比重が高い)のが特徴。底面に平行な劈開(へきかい)が完全で，脆弱。

|結晶の形| 斜方晶系。一般に整ったきれいな形の結晶として産出する。底面に平行な板状，柱面にのびた結晶も多い。まれに底面に平行な長柱状の結晶も見られる。塊状，層状，結核状の集合体も知られる。

|化学組成| $BaSO_4$。天然産の結晶は一般に純粋なものが多い。Ba を Sr が置換し天青石 Celes-

▲41-2

▲41-3

tite($SrSO_4$)とのあいだに連続固溶体をつくる。そのほか Pb, Ca もある程度置換する。

| 産　状 | 熱水鉱脈中の脈石, 黒鉱鉱床の主要構成鉱物, また石灰岩その他の堆積岩, 温泉沈澱物としての産出も知られている。

| 産　地 | 北海道特産鉱物。大江, 手稲, 銭亀沢などの西南部のすべての金属鉱脈の空隙中に美しい結晶が知られている。黒鉱式の交代鉱床としては松倉鉱山。勝山, 茂賀利鉱山などは古期岩層の砂岩, 珪岩, 頁岩の互層中にできた重晶石単独の裂罅充塡鉱脈での大型結晶の産出で有名。

41-1　上ノ国町茂賀利鉱山
41-2　上ノ国町勝山
41-3　上ノ国町勝山

42

石膏
Gypsum

見分け方 硬度2で滑石Talcについで軟かい。結晶もよく産出し板状・柱状が多い。矢筈のような双晶もよく見られ、無色透明。長い結晶は2mにも及ぶ。微粒の集合は雪白色・半透明の集合体で雪花石膏Alabaster、繊維状に見えるものは繊維石膏Satinsparとよばれ、装飾品。

結晶の形 単斜晶系。板状、柱状、粒状、薄板状の集合体。劈開は一方向に完全。結晶水をもたない硬石膏Anhydrite($CaSO_4$、斜方晶系)と共生することがあり、名前の通り石膏より硬く(硬度が3〜3½)劈開が三方向によく見えるのが特徴。区別に注意が必要。

化学組成 $CaSO_4 \cdot 2H_2O$。加熱すると焼石膏($CaSO_4 \cdot \frac{1}{2} H_2O$)となり用途が広い(一般に粉末)。再度水を加えると簡単に石膏にもどる。焼石膏をさらに加熱すると硬石膏になり、水を加えても元にはもどらない。

産状 堆積岩、変成岩、火山にともないあるいは各種鉱床に広く産出する。日本では産しないが、蒸発岩の構成鉱物で、42℃以上か高塩分の場合は硬石膏、低塩分低温では石膏が晶出する。

産地 国富、洞爺鉱山では、黒鉱鉱床にともなって産出する。そのほかの鉱床や噴気口からもわずかに産出する。

42-1 千歳市千歳鉱山

▲43-1

43

燐灰石
Apatite

見分け方 一般的には六角柱状、または柱状の結晶で硬度が5と硬い。通常は帯緑色、そのほか赤、青紫など種々の色調がある。最大の特徴は紫外線またはX線で蛍光・燐光を発することである(和名の由来)。人間にとってはもっとも硬い部分である歯や骨を構成する鉱物。劈開は不明瞭。

結晶の形 六方晶系。六角板状、短または長柱状結晶がよくでる。通常の産出は粒状、堆積岩中では隠微晶質。

化学組成 代表的にはフッ素燐灰石 Fluor-apatite で、$Ca_5(PO_4)_3F$。PO_4 を CO_3OH が、F を Cl, OH が置換しFの位置は天然でも完全な固溶体系列をつくる。Caの一部は Mn, Sr, 稀土類元素など30種に及ぶ元素置換が存在する。

産　状 もっとも広範囲の条件下で形成される燐酸塩鉱物。各種の火成岩、炭酸塩岩の副成分鉱物として、変成岩や有機物起源の堆積岩中にも産出する。ロシアのコラ半島には莫大な鉱床の例が知られる。ペグマタイトや熱水性鉱脈中にも広く産出する。

産　地 火成岩、変成岩の副成分鉱物として広く分布し、金属鉱床中にも脈石として産出する。常呂のマンガン鉄鉱床中には淡紅色のフッ素燐灰石が見られる。

43-1 常呂町福山鉱山

▲44-1

44

かんらん石
Olivine

見分け方 重要な珪酸塩鉱物のひとつ。珪酸(SiO_2)の含有量がもっとも少ない。硬度が6.5〜7と高く、英名の由来であるオリーブの実のような緑色。ガラス光沢で劈開はめだたない。美しい緑色をし、透明で割れ目の少ないかんらん石は宝石とされペリドートとよばれる。

結晶の形 斜方晶系。短柱状あるいは粒状であるが、よい結晶面を示すことはまれ。双晶もまれ。

化学組成 $MgSiO_4$〜Fe_2SiO_4の連続固溶体として産出。Mg成分が5〜85%のことが多い。ときにはMn^{2+}, Ca^{2+}で置換される。

▲44-2

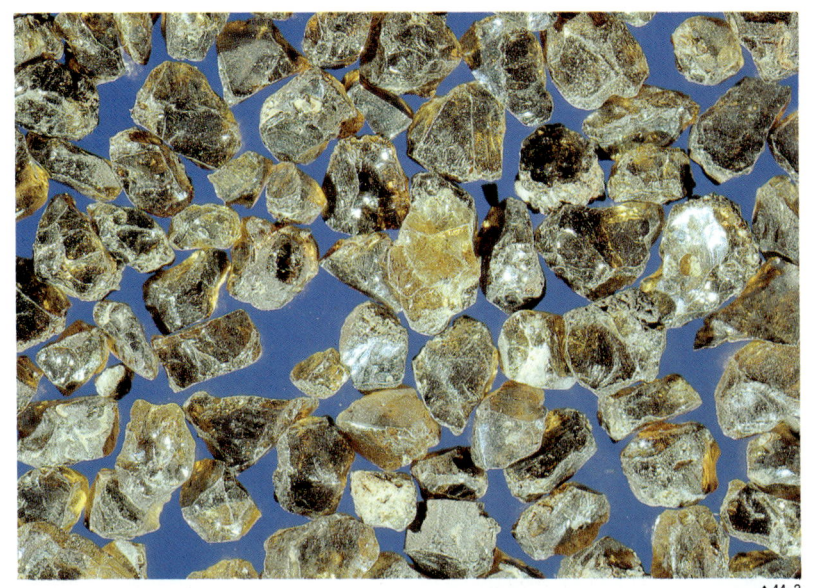

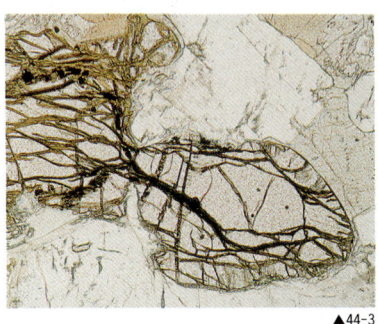

▲44-3 ▲44-4

| 産　状 | Mgに富むかんらん石は、苦鉄質および超苦鉄質火成岩の典型的な鉱物。石質隕石にふつう。とくにMgの高いかんらん石は、ドロマイト質石灰岩の変成作用でも形成される。Fe組成の高いかんらん石の産出はまれで、Fe/Mg比の大きい火成岩や変成岩中に出現する。 |

| 産　地 | 様似町アポイ岳を中心とする幌満岩体は径8kmに及ぶ日本最大の深成岩体。同種のものとして岩内岳。広尾・幌泉のかんらん石は斑れい岩の主成分鉱物として、北見枝幸のは古生層を貫く岩脈状の安山岩の斑晶として知られ、有珠山北麓丸山の溶岩の斑晶は径が4〜5mmに達することが知られている。 |

44-1 渡島大島(勝井義雄氏蔵)
44-2 渡島大島(秋葉力氏蔵)
44-3 平行ニコル, 44-4 直交ニコル

▲45-1

45
ざくろ石
Garnet

見分け方 つねにきれいな結晶として産出する。珪酸塩鉱物のなかでは石英より硬く，屈折率も高い（1.8前後）。劈開はなく割れにくいのが大きな特徴。暗赤色から赤褐色がふつうだが，含有元素の違いによっていちじるしく変化し，白色，黄色，褐色，緑色，黒色と一定しない。透明で美しいものは1月の誕生石として珍重される。

結晶の形 等軸晶系。十二面体・二十四面体またはそれらの集形が多い。塊状，粒状としても産する。

▲45-2

▲45-3

▲45-4

107

化学組成 　$X_3^{2+}Y_2^{3+}(SiO_4)_3$ が一般式。X＝Ca, Mg, Fe^{2+}, Mn^{2+}, Y＝Al, Fe^{3+}, Cr^{3+} である。Cr^{3+} は特殊で，ほかは複雑な組成の固溶体をつくる。まれには Si^{4+} の一部分が抜けて，$4O^{2-}$ が $4(OH)^-$ に置換されたものが産出する。

産　状 　一般に変成岩にもきわめて広く分布する鉱物であるが，火成岩にも産する。

産　地 　神居古潭帯の蓬莱山(三石町)の結晶片岩のなかでは全岩石の70％に及ぶものもある。幌満やペテガリ岳，幌加内にも知られる。交代鉱床では桂岡鉱山，徳志別鉱山が知られる。

45-1　日高町千栄
45-2　日高町千栄
45-3　平行ニコル
45-4　直交ニコル

▲46-1

▲46-2

46

紅柱石
こうちゅうせき
Andalusite

見分け方 　和名は色と形からつけられた。赤色の結晶が多く，長い柱状で断面はほぼ正方形。ざくろ石よりもさらに硬度は高く7½。風化に耐えて結晶形のまま残りやすいので見分けやすい。色は紅色とはかぎらず，白色，灰色，ときに緑色（ビリディン，写真46-2）のこともある。変質すると絹雲母に変わり，表面が雲母におおわれていることがあるので注意。

結晶の形 　斜方晶系。柱状結晶，ときには塊状で産出する。劈開（へきかい）は明瞭で二方向によく見える。

化学組成 　Al_2SiO_5の組成でほとんど一定。多くの場合

▲46-3

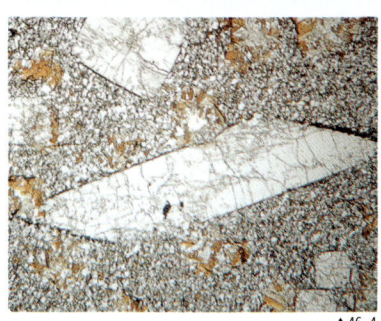

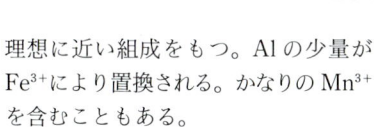

▲46-4  ▲46-5

理想に近い組成をもつ。Alの少量がFe^{3+}により置換される。かなりのMn^{3+}を含むこともある。

産状　圧力の低い広域変成岩または接触変成岩に産するものが多い。泥岩を源岩とするホルンフェルスにとくに多い。

産地　本州では領家変成岩に広く出現するが，北海道内は少ない。松前町の大沢川上流，太櫓，種川鉱山，ニカンベツ川，奥土別などではホルンフェルス中に産する。とくにポンニカンベツ川の第二支流より産するものは大晶として知られる。置戸流紋岩中には主要構成鉱物として産する。

46-1・3 松前町大千軒岳
46-2 日高町千栄
46-4 平行ニコル
46-5 直交ニコル

▲47-1

47

珪線石(けいせんせき)
Sillimanite

見分け方 Alと Siだけの酸化物で，きわめて高温でしか変成しない鉱物。高温高圧の条件を示す。ふつうは細かな繊維状もしくは長柱状。色は無色・黄・褐・緑。硬度は6.5で，ガラスまたは絹糸状光沢をもつ。接触変成岩などとくに高温を示す岩石中より見つかる。藍色の結晶の藍晶石，濃いピンク色の結晶紅柱石とは多像関係と三重点が知られている。

結晶の形 斜方晶系，正方柱状，縦の条線がある。端面はまれ，劈開(へきかい)は{010}に良好。

化学組成 $Al_2O(SiO_4)$，Alの少部分が Fe^{3+} で置換され

▲47-2

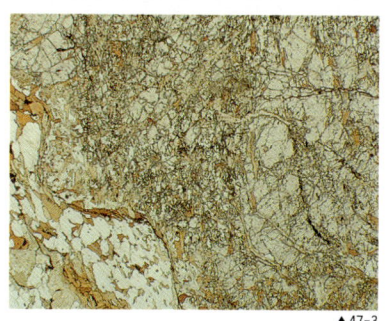

▲47-3

▲47-4

る。一般にはきわめて純粋。

産　状　一般には低温型の多形鉱物紅柱石，または高圧型の多形鉱物藍晶石より高温高圧化にともなう転移，もしくは白雲母分解でできる。温度の高い広域または接触変成岩(片麻岩やホルンフェルス)に含まれている。本州では領家変成帯，北海道では日高変成帯に見られる。

産　地　松前町大沢川のホルンフェルス中の紅柱石の劈開間。名寄市一の橋ホルンフェルス中。えりも町猿留川のミグマタイトや片麻岩中，日高・十勝の境界地域の片麻岩中など。

47-1・2　えりも町目黒猿留川
47-3　平行ニコル
47-4　直交ニコル

▲48-1

▲48-2

▲48-3

48

緑簾石（紅簾石を含む）
りょくれんせき（こうれんせき）
Epidote (Piemontite)

見分け方 黄色または緑色，ときには黒色に近い柱状結晶が多い。特別の含有元素により紅色または赤褐色のものもあり紅簾石とよぶ。硬度は6〜7と高く硬い。風化によく耐えてうつくしい柱状結晶が残る。

結晶の形 単斜晶系。自形結晶はb軸方向にのびた柱状結晶。多くは塊状，繊維状，粒状。

化学組成 $Ca_2(Al, Fe^{3+})_3Si_3O_{12}(OH)$。$Fe^{3+}/(Al+Fe^{3+})$は0.0〜0.5で0.5より大きいものは存在しない。一般には0.15〜0.35の範囲のものがよくでる。Fe^{3+}をMn^{3+}で置換したものを紅簾石とよぶ。緑簾

▲48-4

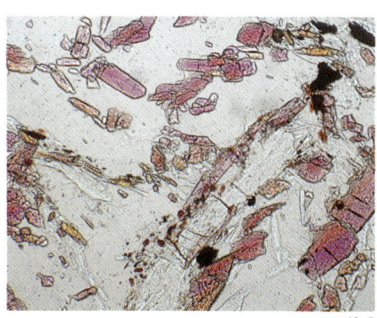

▲48-5

▲48-6

石と紅簾石とのあいだには固溶体の関係がある。Caを希土類元素(Ce^{3+}, La^{3+}, Y^{3+})が一部置換することもある。

産状　低温の変成岩に広く産出する。また石灰質岩石の接触変成帯にも見られる。紅簾石は変成層状マンガン鉱床によく産出し、美しい淡紅色の標本が知られている。

産地　緑簾石は神居古潭変成帯中には比較的広く分布し、幌加内峠・蓬莱山(三石町)の緑簾石は自形結晶としても知られる。紅簾石は日高町千栄・間寒別・中頓別では石英片岩中に、常呂鉄山では石英脈中や鉱床中に脈をなして産出する。

48-1・4 千歳市千歳鉱山
48-2 緑簾石・平行ニコル
48-3 緑簾石・直交ニコル
48-5 紅簾石・平行ニコル
48-6 紅簾石・直交ニコル

▲49-1

49
菫青石
Cordierite

見分け方 特徴的な淡青色から濃青色または紫色をした結晶。硬度は7。ホルンフェルスのような泥質源で比較的低圧の変成岩によく見られる。菫色透明なものは宝石として使われ、アイオライト Iolite の宝石名がある。

結晶の形 斜方晶系。まれに柱状もしくは双晶による擬六方柱状結晶、一般には塊状または不規則な粒状。劈開は{010}に不明瞭。

化学組成 $(Mg, Fe)_2Al_3(Si_5, AlO_{18})$。MgとFeとの端成分間には連続的な固溶置換系列がみられるが、天然に出現する大部分

▲49-2

▲49-3

▲49-4

の菫青石はMgに富んでいる。花こう岩やペグマタイト中のものはFeに富んでいることがある。

| 産　状 | もっともふつうに産出するのは接触変成作用または比較的低圧の広域変成作用をうけた泥質岩中。ときには深成岩，まれには火山岩に含まれることもある。

| 産　地 | おもには日高変成帯中の変成岩類より産出し札内川，音調津川，猿留川などの源流地域に多い。ほかに歌登町徳士別，今金町種川，乙部町姫川，松前町大沢川などのホルンフェルス中,置戸流紋岩，樽前火山の溶岩包有物などが知られている。えりも町岩見沢からは，青緑色の大晶（8 cm × 7 cm × 5 cm）を産する。

49-1・2 えりも町目黒
49-3 平行ニコル
49-4 直交ニコル

▲50-1

50
電気石
でんきせき
Tourmaline

見分け方 柱状結晶の両端で集合結晶面の形がいちじるしく異なり、明瞭な異極像が見られるのが特徴。柱状結晶の断面が三角形で柱面に多数の条線がある。物性にもその性質がよく現われており、摩擦電気が起き、結晶体の一部を熱したり、ある方向から圧力をかけると帯電する焦電気や圧電気が強いため、電気石の名称の起源となった。一般に黒色のものが多いが褐色、青色、緑色、紅色なども知られ濃淡もさまざま。美しい結晶、とくに緑色のものはブラジルエメラルドとよばれ10月の誕生石。

▲50-2

▲50-3 ▲50-4

| 結晶の形 | 三方晶系。C軸にのびた柱状結晶。平行か放射状の集合で産出。劈開は不明瞭。 |

| 化学組成 | $Na(Fe, Mg)_3Al_6(BO_3)_3Si_6O_{18}(OH, F)_4$と複雑な組成。FeとMgとのあいだに連続固溶の関係があり、LiとAlとで置換する紅電気石もある。 |

| 産　状 | 花こう岩やペグマタイト、それらに関係ある鉱床や脈の特徴的な鉱物で、ときに変成岩や火成岩の副成分鉱物としても産出する。 |

| 産　地 | 花こう岩やその類似の岩石から産するものとしては幌満、喜茂別町壮渓珠、北桧山町太櫓などが知られる。変成岩にともなうものでは上士別、北戸蔦別岳、長万部鉱山などが知られている。 |

50-1・2 中札内村札内川八の沢
50-3 平行ニコル, 50-4 直交ニコル

▲51-1

51

角閃石（普通角閃石，緑閃石）
Hornblende (Actinolite)

見分け方 角閃石族(Amphibole group)の一種で，火成岩・変成岩にもっとも広くふつうに分布し，重要な造岩鉱物のひとつ。肉眼でも薄片にして顕微鏡で見ても灰緑色か灰褐色，ときには黒色。硬度は6で石英より少し低い。劈開は二方向{110}に完全で，劈開角は120°（よく共生する鉱物の輝石は90°で，見分けやすい）。

結晶の形 単斜晶系。一般的には{110}と{010}とからなる断面をもった柱状の自形結晶を示す。また不規則な粒状集合としても産する。

化学組成 $Ca_2(Mg, Fe)_5Si_8O_{22}(OH)_2$ に，$(Mg, Fe)Si$

▲51-2

▲51-3

▲51-4

▲51-5

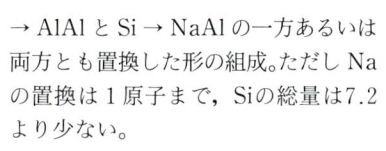

→ AlAl と Si → NaAl の一方あるいは両方とも置換した形の組成。ただし Na の置換は1原子まで，Si の総量は7.2より少ない。

産　状　主として中性・苦鉄質の火成岩(安山岩・玄武岩・閃緑岩・斑れい岩など)や低温からやや高温にわたる広い範囲の広域変成岩や蛇紋岩中の岩脈として産する。

産　地　安山岩の造岩鉱物斑晶としては島牧村ユペチャナイ，斑れい岩より産する幌加内・えりも，変成岩より産する幌尻岳・蓬莱山(三石)・幌満などがよく知られる。

51-1　今金町種川
51-2　三石町蓬莱山(藤原嘉樹氏蔵)
51-3　今金町種川(新井田清信氏蔵)
51-4　平行ニコル，51-5　直交ニコル

▲52-1

52
藍閃石
Glaucophane

見分け方 アルカリ角閃石中の代表的な鉱物。青く(glau-kos),見える(phainesthoi)というギリシャ語に由来する鉱物で,青灰色から青紫色の美しい結晶。水に浸すといちだんと青色を増す。硬度は6。

結晶の形 単斜晶系。長柱状または針状の結晶,ときに繊維状または石綿状で産出。劈開は{110}に完全。

化学組成 $Na_2(Mg, Fe, Al)_5Si_8O_{22}(OH)_2$。$Fe^{2+}$と$Fe^{3+}$が一部置換して連続固溶体をつくる。

▲52-2

▲52-3

▲52-4

| 産　状 | 藍閃石は高圧の広域変成作用でできる藍閃石石英片岩の主要鉱物として産出する。一般に蛇紋岩をともなう変成帯に産し、源岩は苦鉄質火山岩や火砕岩など。この鉱物の産出意義は低温高圧の変成岩条件を示すことである。

| 産　地 | 北海道内では中生代の蛇紋岩をともなう神居古潭帯の北部から南部まで広く分布する。とくに旭川市の神居古潭，江丹別峠・幌加内峠の一帯，幌加内から多度志鷹泊地域の西部山地に広く産地が知られている。南部では占冠町ペペシル川上流から三石町にわたる地域に広く産出する。

52-1・2　幌加内町江丹別峠
52-3　平行ニコル
52-4　直交ニコル

▲53-1

53

輝石
きせき
Pyroxene

見分け方 角閃石とともに重要な造岩鉱物である輝石族中の代表的鉱物。角閃石に比べると短柱状の良好な結晶が多く産する。柱面に垂直な横断面は正方形に近く，劈開も{110}にきわめて良好でその劈開角は90°に近く，120°である角閃石と見分けやすい。色は暗緑，暗褐か灰黒色で目で見るときわめて黒っぽい結晶。

結晶の形 単斜晶系。短柱状の良好な結晶が多く{100}，{110}，{010}，{101}の面が発達している。{100}，{010}に劈開がある。

化学組成 $Ca(Mg, Fe^{2+}, Al)(Si, Al)O_6$。人為的に区別

▲53-2

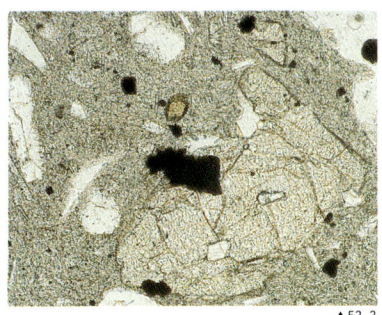

▲53-3　　▲53-4

してCaSiO₃が45〜15モル％のものでほかの組成分とのあいだに連続固溶している。少量のFe³⁺, Tiを含むこともある。

産　状　組成の変化範囲が広いため, 生成条件も広い。しかしその大部分は火成源で, 火成岩中でもっとも普通な有色鉱物。中性〜苦鉄質の火山岩・深成岩, ほかに超苦鉄質岩や火山岩中の捕獲岩に見られる。一部相当高温の接触または広域変成作用をうけた苦鉄質岩にも見られる。

産　地　斑れい岩, 玄武岩, 安山岩などの主成分鉱物として広く北海道内に産する。根室花咲岬, 寿都町弁慶岬, 黒松内町熱郛の安山岩中のものはよく採集できる。

53-1　白老町クッタラ湖
53-2　和寒町カクレ原野(福原)
53-3　平行ニコル, 53-4　直交ニコル

▲54-1

54

ソーダ珪灰石(曹灰針石)
Pectolite

見分け方 暗緑色または黒色に近い岩石中に純白できわめて細い針状結晶の放射状集合体として産出する。硬度は4.5〜5とあまり硬くないのにきわめて強靱で砕けにくい。壊したものを指でもつと針で刺したような感じがする。酸で分解する。和名はその性質をよく示している。ソーダ(曹)はナトリウム、灰はカルシウム、珪は珪酸(SiO_2)の名前。英名はギリシャ語のPektos(凝結)に由来する。

結晶の形 三斜晶系。板状、通常は針状、劈開は{100}{001}に完全。

化学組成 $NaCa_2Si_3O_8(OH)$。一部Mnを含み淡紅色のものがある。

産　状 超苦鉄質岩中の脈や粗粒玄武岩から産する。本州ではきわめてまれ。北海道内では神居古潭変成帯にともなう苦鉄質岩や蛇紋岩中に脈をなして産出する。まれにクローム鉱石にともなう。

産　地 蛇紋岩をともなう神居古潭変成帯に産するものでは、中川町やウトナイ川・山部・日高町千栄・占冠・蓬萊山・沙流川上流など。クローム鉱山では、糠平鉱山など。

54-1 日高町千栄

▲55-1

▲55-2

55

滑石
かっせき
Talc

見分け方 鉱物中でもっとも軟かく(硬度1)、まっ白な鉱物。手で砕くと、粗さを感じない細粒になる。同じ性質をもつ鉄黒色の鉱物である石墨とよく対比される。

結晶の形 単斜晶系。板状や葉片状集合、または緻密な細粒集合としても産する。劈開は底面に平行で完全。これは層状構造間の結合がvan der Waals力(分子間引力)だけによっている結果である。

化学組成 $Mg_3Si_4O_{10}(OH)_2$ できわめて純粋。Mgはほとんどほかの原子に置換されることがない。熱すると水分を失い780℃付近でエンスタタイト($MgSiO_3$)と石英(SiO_2)に分解する。もっとも軟かい無機物であること、無毒の物質であることによって化粧品の材料として重宝されている。白く美しい粉末であることがカラー印刷に適するアート紙の原料、薬品・農薬にも増量剤として、さらに窯業原料にもなる。

産状 Mgに富んだ変成岩の鉱物であるが、これらの変成岩はエンスタタイトやかんらん石からできた超苦鉄質火成岩が変成してできることが多い。珪質ドロマイトの接触変成によって生じる場合もある。

産地 松前町江良では蛇紋岩体の周縁部など、芦別市新城、中の沢蛇紋岩からも産する。

55-1・2 松前町江良鉱山

▲56-1

56

バラ輝石
Rhodonite

見分け方 自形を示すものはまれでふつうは{100}に平行な板状，多くは塊状または粒状の集合。ピンク色かバラ色で，濃淡はあるがこの色が特徴。菱マンガン鉱と区別がつかないこともあるが，硬度が6で菱マンガン鉱の3とは区別しやすい。表面は風化して黒色の酸化マンガン鉱物になっていることに注意。

結晶の形 三斜晶系。準輝石族の鉱物。劈開は{110}，{1$\bar{1}$0}に完全，{001}に良好。晶癖細柱状，長柱状の集合結晶。

化学組成 (Mn, Fe, Ca)SiO$_3$。Mnは20％までCaによ

▲56-2

▲56-3

り，30％までFe^{2+}により置換される。少量のMg, Znにより置換されていることがある。

| 産　状 | 熱水作用や交代作用および堆積性マンガン鉱床の変成作用によって形成された不規則な鉱床や鉱脈中に産する。

| 産　地 | 先白亜紀層または古生層のマンガン鉱床の変成作用によるものは，歌登町シビウタン・上士別の士別鉱山・日高町千栄の日宝鉱山・松前町の鷹舞鉱山など。熱水鉱床の鉱脈より産するものは，豊羽鉱山・赤井川村の轟鉱山・今金鉱山・八雲鉱山など。花こう岩の接触部塊状マンガン鉱床の鉱体にでるものとしては，熊石町相沼内の館平鉱山など。

56-1 上ノ国町早川鉱山
56-2 熊石町館平鉱山
56-3 古平町稲倉石鉱山

▲57-1

57

雲母(白雲母,黒雲母,金雲母)
Mica (Muscovite, Biotite, Phlogopite)

見分け方 組成の変化で種々の鉱物名がついている。結晶粒子の大小にかかわらず、板状または薄片状で、底面に平行に明瞭な劈開を持ち、剝げやすい。一般に軟かく、比重は比較的低く、柔軟性や劈開片上の弾性を示す。ガラス光沢で透明なものが多い。電気の絶縁体が用途。

結晶の形 単斜晶系。六角形板状結晶だが、ふつうは葉片状集塊または小薄片として産出する。

化学組成 一般式は $X_2Y_{4\sim6}Z_8O_{20}(OH\cdot F)_4$、$X=$K, Na, Ca。$Y=$Al, Mg, Fe。$Z=$Si, Al。共通の特徴として一般には4〜5

▲57-2

▲57-3 　　　▲57-4

％の $H_2O(+)$ を含む。Y が主として Al のものを白雲母，Mg のものは金雲母，Mg と Fe のものは黒雲母。細粒白雲母を絹雲母とよぶ。粘土をつくっている雲母もきわめて細粒の白雲母である。

産　状　ごくふつうの造岩鉱物。白雲母は火成岩では花こう岩，ペグマタイト，低・中温度の変成岩に含まれる。黒雲母は中性・珪長質の火成岩と結晶片岩，片麻岩やホルンフェルスの重要な構成鉱物。

産　地　白雲母は士別市上士別の閃緑岩，えりも町庶野の半花こう岩，三石町の緑色片岩中から，黒雲母は上士別のホルンフェルス中，浦河町の玄武岩中より産する。

57-1　黒雲母・浦河町乳呑川
57-2　白雲母・三石町蓬莱山
57-3　黒雲母・平行ニコル
57-4　黒雲母・直交ニコル

▲58-1

58

クリソタイル(石綿)
Chrysotile (Serpentine asbestos)

見分け方 この鉱物には3つの多形が知られている。本鉱物のみ,きわめて細く長い繊維状をしている(道内産のものでも最長2.5cm)。火に対しても高い耐火性があり見分けやすい。

結晶の形 単斜晶系または斜方晶系。繊維状で電子顕微鏡下ではa軸方向にのびたチューブ状の外観を示している。ほかのふたつの多形は細粒または葉片状が特徴で区別しやすい。

化学組成 $Mg_6Si_4O_{10}(OH)_8$。一般にこの組成に近いが,一部のMgはFeにより置換される。ま

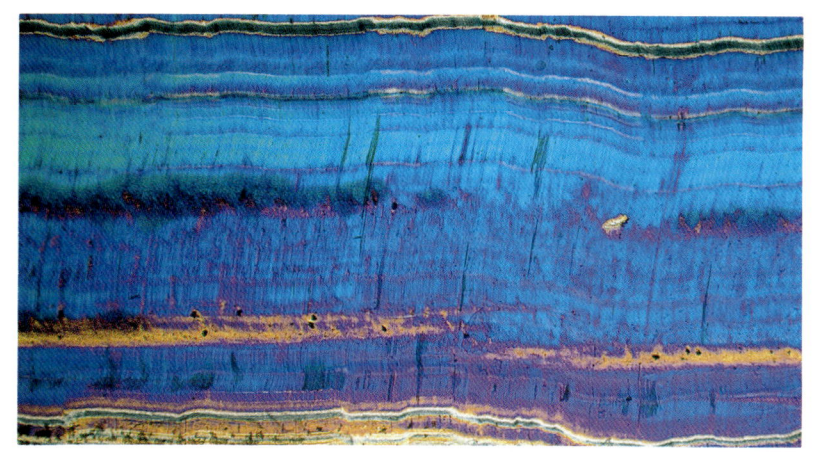

▲58-2

石綿の価値，昔と今，建材が健全か？

石綿は昔は「いしわた」ともいわれたが，今はアスベストとよばれている。天然に産する唯一の無機物繊維状鉱物だが，鉱物名ではない。世界で産するアスベストの90％以上は繊維状のクリソタイル（粘土鉱物の蛇紋石の一種），残りの数％は繊維状透角閃石である。石綿の大きな特性は，耐熱，耐酸，撓曲性である。この性質を利用して糸や布にし，化学工業をはじめ，電力，ガス，運輸，機械，造船などの各部門にパッキングや隔膜として使われている。今ひとつはセメント加工して，石綿スレートや円筒（大小のパイプ）にして工場から個人住居にいたるまで広く使われている。ところが，近年，ふつうの繊維と違って肺に吸いこむと肺胞組織に突きささり，けい肺や塵肺と同様に不治の病気になる疑いがだされた。住宅をはじめ，学校や公共施設に多種多量に使われていたのが，健全かどうか問題視され，使用どころか撤去が進んでいる。

た一部の Al が Al，Al $\rightleftarrows$ Mg，Si の置換を行なっている。

産　状　蛇紋岩または蛇紋岩化作用のいちじるしく進んだ超苦鉄質岩中に不規則な細脈をなして産出する。その繊維状の鉱物は脈に直角に発達する。一般に白色，淡灰白色できわめて細い柔軟な絹糸状の集合で産出する。

産　地　富良野市野沢，山部，布部の諸鉱山。占冠，幾加内，日高町の右左府鉱山，静内町の浦和鉱山などがよく知られる。

58-1 富良野市山部（渡邉順氏蔵）
58-2 直交ニコル

▲59-1

▲59-2

▲59-3

59
石英 (せきえい)
Quartz

> 見分け方

無色透明で結晶形の明瞭なものを水晶という。古くはギリシャ時代から知られており，水が過冷却で結晶し，温度があがっても二度と液体に戻らないものと考えられていた。硬度7，劈開(へきかい)なし，本来無色。水晶より硬いものを宝石と呼ぶことがある。不純物その他の原因で種々の色を呈し，さまざまな名称がついている。

> 結晶の形

温度と圧力の違いで5種の多形がある。天然に産する石英はすべて低温型（α-石英）で，三方晶系。一般に自形結晶として六角柱状をしており両端にピラミッド

▲59-4

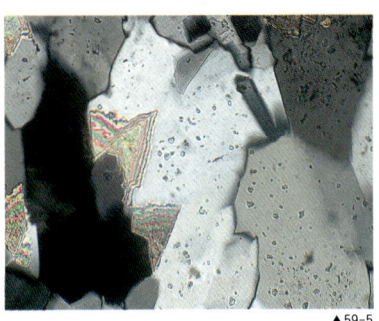

▲59-5

▲59-6

状の面が発達している。高温型は柱面をほとんどまたはまったくもたず，ピラミッド状の面よりなる。天然の結晶には双晶を示すものが多い。

化学組成 ほぼ純粋な SiO_2。多くの変種があるが，比較的大結晶のものと微結晶として産するものの2種類に大別される。

産　状 石英はほぼすべての地質学的条件で安定であり，また SiO_2 は地殻でもっとも豊富な酸化物であるため，きわめて普遍的。

産　地 芦別鉱山の大形結晶，手稲鉱山など金属鉱脈中の晶洞に産する美しい紫水晶など。

59-1　下川町サンル鉱山
59-2　紫水晶・北見鉱山
59-3　千歳市千歳鉱山
59-4　千歳市千歳鉱山
59-5　直交ニコル
59-6　直交ニコル

▲60-1

60
玉髄(瑪瑙, 碧玉, 蛋白石)
Chalcedony (Agate, Jasper, Opal)

見分け方 石英の微結晶として産するものを玉髄で代表した。いずれも結晶面は見られない。ゲル状で生成されたもので硬度は7またはそれより少し低い。同心円状の縞を示す玉髄を主とする物質で、火山岩の晶洞で生ずるものを瑪瑙という。不透明な玉髄で多くはコロイド状酸化鉄のため、紅色・緑色・黄色・褐色などを呈し、堆積岩や接触珪化帯などに産するものを碧玉という。玉髄や石英などが互層をなし、循環水などによる沈澱で生ずる水分を含んだ非晶質〜潜晶質のものを蛋白石といい、硬度は6前後。

▲60-2

▲60-3

| 結晶の形 | 一般に，非晶質か潜晶質。結晶面は示さない。 |

| 化学組織 | 石英と同じでほとんど純粋な SiO_2，不純物として $nH_2O(n=0.1)$ 含むことがある。 |

| 産　状 | 玉髄とその変種は一般に堆積岩や岩脈および鉱脈の空洞中に見られる。 |

| 産　地 | 歌登（うたのぼり）や遠軽（えんがる）の瑪瑙は流紋岩中，今金（いまがね）や長万部（おしゃまんべ）では安山岩の割れ目や空隙をみたして産出する。母岩の風化により脱落分離し渓流や海岸に転石として産するものとしては歌登・稚内（わっかない）・利尻（りしり）・礼文（れぶん）・筬島（おさしま）・陸別（りくべつ）などが知られている。 |

60-1・3 枝幸町
60-2 珪化木・枝幸町

▲61-1

61

斜長石
Plagioclase

見分け方 長石は地殻の体積の約60％を占めるといわれる重要な造岩鉱物。単斜晶系と三斜晶系とに属する2種類に大別される。斜長石は三斜晶系。無色透明の石英と異なり白色または灰色半透明のガラス光沢で，硬度も6前後と石英より低い。劈開面もよく見える。有色のものは少ない。

結晶の形 三斜晶系。自形結晶はふつうは{010}に平行な板状であるが，多くは不規則な粒状または劈開を示す塊状，劈開は{001}に完全，{010}に良好，双晶はきわめてふつう。

▲61-2

▲61-3 ▲61-4

| 化学組成 | $NaAlSi_3O_8$ と $CaAl_2Si_2O_8$ とのあいだの完全混晶。多少のアルカリ長石($KAlSi_3O_8$)を Na ⇄ K 置換で，またそのほかの元素を含むことがある。|

| 産　状 | Na 成分の高いものはアルカリ長石とともに花こう岩，閃長岩，流紋岩中に見られる。Ca 成分の高いものは多くの岩石中に分布するが超苦鉄質岩・粒状石灰岩・火山弾(三宅島，クッタラ湖)などは有名。|

| 産　地 | 三石町蓬萊山・幌満・幌泉では片岩の成分鉱物として，樽前・駒ケ岳・有珠山・クッタラ湖畔などでは火山岩や火山弾として産出。|

61-1・3 三石町蓬萊山
61-2 白老町クッタラ湖
61-4 直交ニコル

▲62-1

62
正長石
Orthoclase

見分け方 長石を2大別したうちの1種類。白色ないし桃色不透明の結晶で硬度は6。光学的には生成温度の違いで高温型サニディン，サニディン，正長石(650〜300℃で結晶)，マイクロクリンの4種に分類されている。正長石は，もっともふつうに産出する。

結晶の形 単斜晶系。結晶内のSiとAlの配列は，マイクロクリンでは秩序正しく三斜晶系，高温型サニディンでは完全無秩序，正長石は4配位のうち特定の半数がSiで占められ残り半数がSiとAlによって無秩序に占められている。ふつうは短柱

▲62-2

▲62-3　　　　　　　　　　　▲62-4

状でやや{010}に平行にのびているか，a軸に平行にのびている。

化学組成　KAlSi$_3$O$_8$で，Kの位置を20%までNaが置換して混晶をつくる。

産　状　一般的にサニディンは火山岩に特徴的であり，正長石は深成岩や比較的高い温度でできた変成岩によく見られる。マイクロクリンは低温の変成岩にふつうに見られる。

産　地　朝日村パンケイ下流にでる正長石は日高系の粗粒片麻岩から産出したもの。えりも町目黒では日高変成帯に貫入した正長石ペグマタイトの成分鉱物として産出。

62-1　千歳市千歳鉱山
62-2　松前町荒谷川
62-3　直交ニコル
62-4　直交ニコル

▲63-1

▲63-2

63

沸石
Zeolite

見分け方 ホウ砂球反応のとき熱すると沸とうするので，学名は沸とうする石のギリシャ語から命名された。NaやCaの含水アルミノ珪酸塩で化学組成，物性，産状がきわめて類似した一群の総称名。ソーダ沸石族，輝沸石族，その他の3種類に大別されている。結晶構造が変化しないで水の一部もしくは全部を失い，ほかのイオンと交換復水できるのが最大の特徴。硬度は3～4。比重も低い。

結晶の形 ソーダ沸石は斜方晶系柱状の繊維状集合で放射状。輝沸石は単斜晶系六角板状でかつ平行な劈開が顕著。方沸石は等軸晶

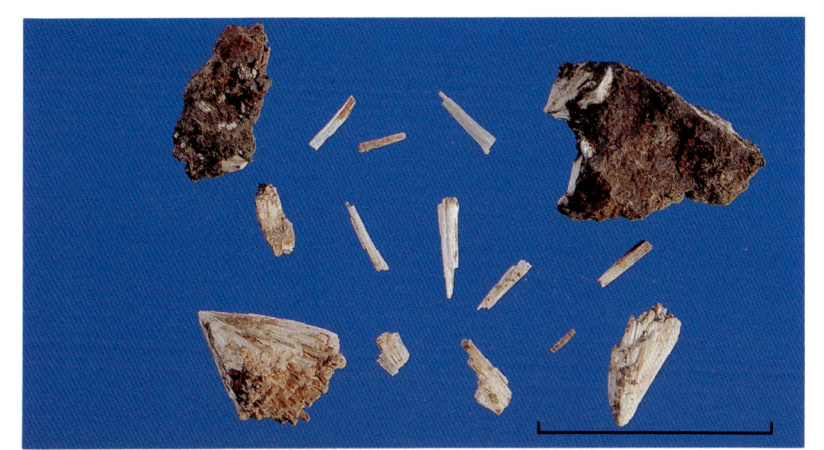

▲63-3

▲63-4

系24面体の自形結晶で劈開は不明瞭。

化学組成 　一般式は $W_mZ_rO_2r\cdot nH_2O$, W＝NaとCa, Z＝SiとAlでSi $\geq$ Al。また Al_2O_3：$(CaO+Na_2O)$＝1：1, $(Al+Si)$：O＝1：2。沸石の原子置換は比較的自由。

産　状 　一般に苦鉄質火山岩の空洞や割れ目，熱水脈に見られるが長石の変質鉱物，堆積岩の自生鉱物として産する。とくにグリーンタフ地域に産出顕著。

産　地 　根室のドレライト中に方沸石・ソーダ沸石・輝沸石が産出。ほかに斜里町オンネベツ，小沢発足，豊頃，平取など。

63-1　根室市
63-2　中川郡中川町
63-3　上士幌町糠平(音更川右岸)
63-4　千歳市千歳鉱山

▲64-1

64

轟石 (とどろきいし)
Todorokite

見分け方 酸化マンガン鉱の一種で，黒色〜暗褐色，石墨様の光沢を呈し，脂状感があり，きわめて軟かく(硬度1.5〜2.5)繊維状結晶からなるぶどう状または塊状集合体で一見，坑木が腐敗変朽した外観を示す。透明ないし不透明。金属または土状光沢の特性で見分けやすい。

結晶の形 単斜晶形(見かけは擬斜方)，劈開(へきかい)は{100}，{010}に完全。

化学組成 理想的には$(Mn^{2+}, Ca)Mn_3^{4+}O_7 \cdot 2H_2O$。主要副成分は Na, K, Mg, Sr, Ba, Cu, Zn, Fe, Al, Ni, Co, Li など多種多様。

産状 浅熱水性鉱床，変成層状マンガン鉱床，深海底マンガン団塊，堆積岩中マンガン微小団塊などとして世界各地で産出。赤井川村轟鉱山から最初に発見され，含金石英脈中のイネス石(マンガンを主成分とする鉱物)が後期の熱水鉱液によって二次的に変化成生されたもので，多量のバーネス鉱も含まれている。

産地 轟鉱山のほか士別(しべつ)の先白亜系の地層中，今金町ピリカ鉱山，北桧山(ひやま)町竜武・石渕鉱山，古平町(ふるびら)稲倉石(いなくらいし)，常呂町(ところ)国力(こくりき)鉱山，札幌市豊羽鉱山などが知られている。

発見者：吉村豊文(1934)

64-1 赤井川村轟鉱山(北大地球惑星教室蔵)

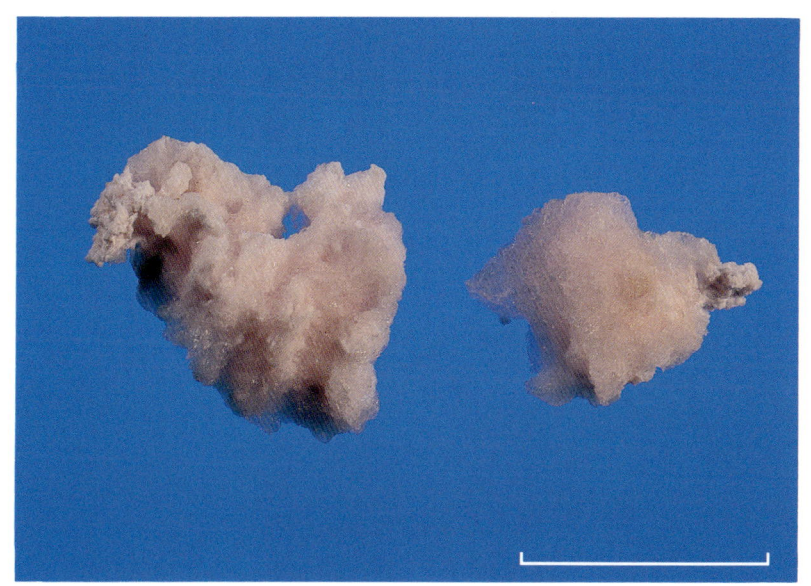

▲65-1

65
上国石
じょうこくせき
Jokokuite

見分け方 マンガンを多く含む鉱床の二次鉱物として坑内や露頭で産出。鉱壁に付着したり鐘乳石をつくる。大きさは径最大1cm、長さ5cmくらいまで。淡桃色、硬度2.5、比重2.03。顕微鏡下で見ると無色。

結晶の形 三斜晶系。結晶構造、化学組成、光学性もFe, Cuの5水塩の結晶ときわめて類似の値。

化学組成 $MnSO_4 \cdot 5H_2O$。ほかにMnを置換してFeOとMgOで2%前後、1%弱のZnO、極微量のCaOを含む。20°Cで脱水しIlesite ($MnSO_4 \cdot 4H_2O$)に、さらに140°CでSzmikite ($MnSO_4 \cdot H_2O$)に変化する。

産状 菱マンガン鉱 $MnCO_3$ を主体とする浅熱水性の鉱脈型鉱床で硫化鉱物や銀鉱物をともなっている鉱山より産出が知られている。胆礬($CuSO_4 \cdot 5H_2O$)のMn置換体に該当する鉱物。

産地 上ノ国町早川、上国鉱山の露頭および坑内にMn、鉛、亜鉛の酸化鉱物や含水硫酸塩鉱物などの二次鉱物とともに産出。古平町稲倉石鉱山の坑内送気管に付着して産出する。発見者：南部松夫(1978)

65-1 上ノ国町上国鉱山

▲66-1

66

手稲石
Teineite

見分け方 銅とテルルを産出する鉱脈の空隙中に二次酸化帯を形成して産出する。藍青または深天青色の透明な小結晶として見られ，藍銅鉱より色が鮮やか。風化したものや皮殻をなすものは灰青色ないし緑青色で見分けやすい。透過光で見ると青〜緑青色，脆弱で硬度2，ガラス光沢で比重は3.80。

結晶の形 斜方晶系。晶相に2種類あり，①(110)と(011)を主として(010)の小面をともなうものと，②(110)と(010)を主として(011)と(073)のあいだの微斜面をもつものとが知られている。一般に柱状で結晶面が観察される。劈開は{010}に良好。

化学組成 $CuTeO_3 \cdot 2H_2O$ で銅の酸化テルル鉱。少量のSを含む。変質して孔雀石や藍銅鉱になる。

産状 含テルル銅鉱床酸化帯に二次変質で産出する。手稲鉱山では玉髄質石英，重晶石，黄鉄鉱，四面銅鉱，テルル鉱物よりなる鉱脈(滝の沢鎚)より産出した。

産地 札幌市手稲鉱山。発見者：吉村豊文(1936)

66-1 札幌市手稲鉱山

▲67-1

▲67-2

▲67-3

67

加納輝石
Kanoite

見分け方 片麻岩にともなう変成層状マンガン鉱床中のMn濃集部より産出し、淡紅褐色でガラス光沢、条痕色は白色、硬度6、比重3.66の単斜輝石の一種類。Mnの含有量が高くマンガン特有の桃色が目につく。大きさは最大0.1mm。

結晶の形 単斜晶系。劈開は{110}に完全、{100}に集片双晶(ひとつの結晶粒のなかで平行な多数の双晶ラメラが発達する状態、波動双晶ともいう)が見られる。

化学組成 $MgMn^{2+}(Si_2O_6)$。少量のFe^{2+}、微量のFe^{3+}、Ca、Alが含まれる。

産状 変成層状マンガン鉱床より産出。周囲は片麻岩であり、高濃度のMnを含有した多種の鉱物が産出するのが特徴。

産地 熊石町館平。泊川市街と相沼市街の中間の館平の港の海岸側に暗灰色の珪質粘板岩や片麻岩が露出している。そのすぐ沖に、ときどきピンク色に輝く岩石が見られる。この珪質黒雲母ざくろ石片麻岩中にあるMnに富んだ礫状の岩塊に含まれて産出する。発見者：小林英夫(1977)

67-1・2 熊石町館平(山口佳昭氏撮影)
67-3 直交ニコル(山口佳昭氏撮影)

▲68-1

68

オホーツク石
Okhotskite

見分け方 チャート(赤色)のなかに赤鉄鉱鉱石(黒色)が脈をつくり,その鉱石中に肌色(ときには桃色)の細い脈として見える。表面は風化して真っ黒(酸化マンガン)になっているので,割ってみること。チャート中から見つかることもある。紅簾石(暗赤色)がいっしょにある。よく似た色で,オホーツク石より淡い色の燐灰石・イネス石の脈も見られるので注意。

結晶の形 不規則な塊。ルーペでよく見ると柱状・針状の結晶の束として見えることもある。結晶の長さは0.2mmまで。

▲68-2

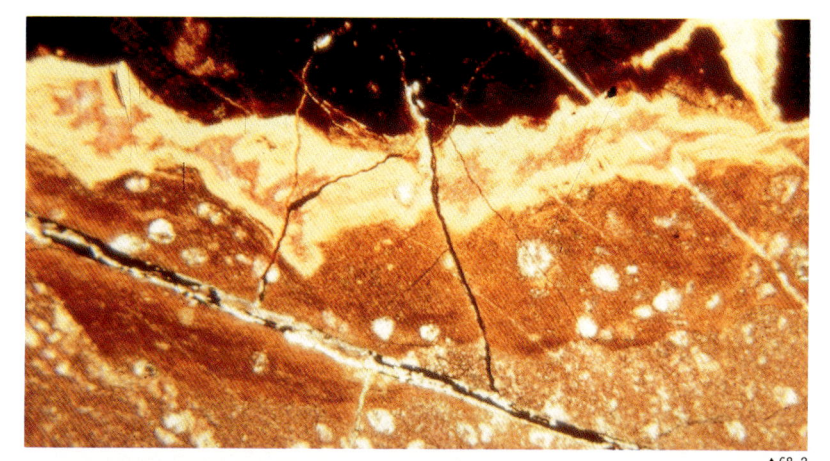

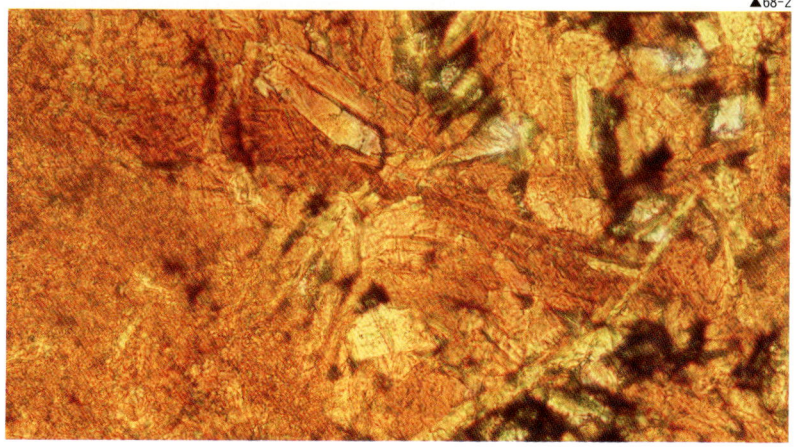

▲68-3

| 化学組成 | パンペリー石の仲間でマンガンが多量の鉱物。
$Ca_2Mn^{2+}Mn_2^{3+}Si_3O_{14-n}(OH)_n$

| 産　状 | 一度できた堆積岩の上に大量の土砂がたまり地下深くに沈んで温度や圧力が高くなり，一部の鉱物が新しい鉱物に変ったり(埋没変成)，低温・高圧のもとでできた変成岩中のマンガン鉱床より産出する。

| 産　地 | 常呂町日吉の国力鉱山の奥山鉱床，柴山鉱床。

発見者：戸苅賢二(1986)

68-1 オホーツク石(肌色)の見える赤鉄鉱(黒色)と紅簾石(暗赤色)
68-2 チャート(大小の円は化石・橙色)と赤鉄鉱(黒)のあいだに脈ではいったオホーツク石と紅簾石
68-3 岩石顕微鏡で見たオホーツク石と赤鉄鉱(黒)
68-1～3 常呂町

▲69-1

69

三笠石
Mikasaite

見分け方 石炭ガスの噴気口にできる多孔質な組織を有する微細な結晶の集合体。決まった外形は示さず,高温では白色,常温ではうすい黄色～褐色。土状光沢を示す。硬度は約2で比較的軟かく,水によく溶ける。空気中に放置すると水分を吸着し部分的に結晶が壊され,非晶質化する。

結晶の形 菱面体晶系。厚さ1～5μm,平均100μm程度の中空の球状集合体。肉眼では結晶形は見られない。合成の$Fe_2^{3+}(SO_4)_3$には菱面体晶系と単斜晶系のふたつの異なる結晶構造のものが知られているが,本鉱物は菱面体晶系である。

化学組成 理想的には$Fe_2^{3+}(SO_4)_3$であるが分析の結果は$(Fe_{1.56}Al_{0.44})_{\Sigma 2.00}(SO_4)_{3.00}$でFeとAlのあいだには連続固溶体を形成する。100～200°Cのあいだで脱水するが結晶構造の変化は見られない。従来の報告ではFe^{3+}の硫酸塩はすべて結晶水をもつ。

産　状 三笠石の生成した噴気口の温度は高いところでは300°C以上あり,石炭ガスが周囲の岩石にあたり冷却生成した昇華物。

産　地 三笠市幾春別の奔別川東岸で数ヵ所の高温ガスが噴気しており割れ目の周囲の岩石の表面に付着して産出。発見者:三浦裕行(1994)

69-1 三笠市幾春別(三浦裕行氏蔵)

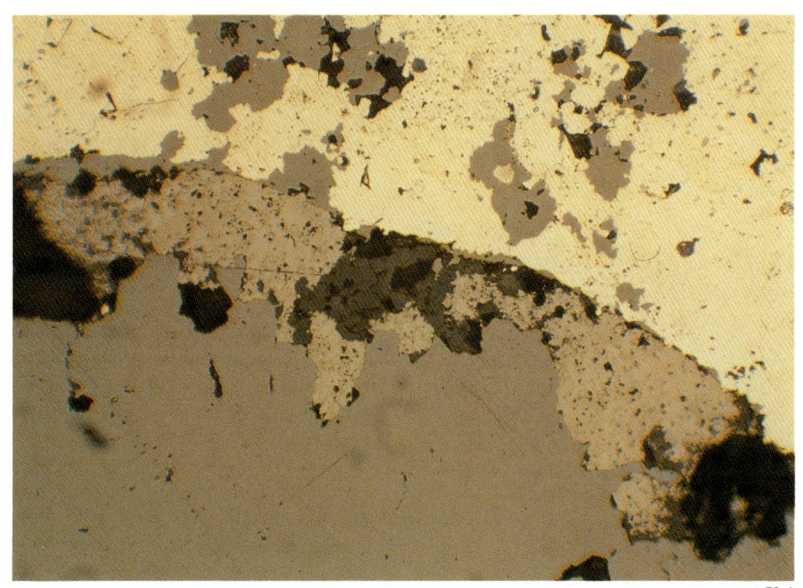

▲70-1

70
豊羽鉱
とよはこう
Toyohaite

見分け方 顕微鏡下で発見され、肉眼での観察結果は報告されていない。顕微鏡、電子顕微鏡、X線回折結果などのデータは豊富。銀・銅、亜鉛・マンガン・錫などの硫化鉱物を主とする熱水鉱床より産出した新鉱物。赤錫鉱($Cu_2FeSn_3S_8$)のCuを銀の含有量のきわめて高い状態の熱水溶液中で銀に置き換えた銀の硫化鉱物。鏡下では赤錫鉱に似た色であるがわずかに濃い褐色を示している。硬度は共生する閃亜鉛鉱より多少低く、ホカルト鉱(Ag_3FeSnS_4)とほぼ同じ。比重は理論値で4.94。

結晶の形 正方晶系。閃亜鉛鉱に富む鉱石中に$100\mu m$前後の不定形粒状で含まれ、鏡下では市松模様の双晶が特徴的に観察される。

化学組成 理想的には$Ag_2FeSn_3S_8$。赤錫鉱とは完全固溶の関係。実測結果では$Ag_{1.95～1.26 0}$副成分としてAgをCu、FeをZnとCd、またSnをInが置換している。

産　状 閃亜鉛鉱に富む鉱石中に1mmにも満たない不定形の粒状で含まれている。新第三紀の熱水鉱脈型鉱床できわめて多種類の元素を含む鉱床より産出。

産　地 札幌市南区豊羽鉱山より産出。発見者：矢島淳吉(1991)

70-1 反射顕微鏡写真(太田英順氏撮影)

偏光顕微鏡および顕微鏡写真

薄片

　大部分の岩石や鉱物の多くは不透明で，その内部を透かして見ることはできない。しかしこれを薄くすり減らしてゆくと大部分のものは光を通すようになる。このため，岩石や鉱物を顕微鏡で観察するためには，まず"薄片"とよばれる観察標本をつくらなければならない。薄片は，岩石や鉱物の標本をこのように十分に薄くして光を通すようにつくられたものである。その製作法は，まず標本をダイヤモンド・カッターで30×25×8 mmくらいの大きさに切りだし，一面を研磨機や研磨板を使い，カーボランダムや酸化アルミの粉末などの研磨材ですり減らす。しだいに細かい研磨材を使って十分な平面に仕上げた面を，ペトロポキシなどエポキシ系の合成接着剤を使ってスライドグラスに貼りつける。接着した試料の別の面を再び上記の研磨材を使ってすり減らす。仕上げはガラス板などの上で細かい酸化アルミの粉末(#1000)を使って，0.03mmくらいの厚さにする。この上にカナダバルサムを使ってカバーグラスを被せると完成である。0.03mmの厚さは，次に述べる偏光顕微鏡を直交ニコルの状態にして観察し，薄片中に含まれる石英・長石が灰色に見えることで確認する。

偏光顕微鏡

　偏光顕微鏡は別名，岩石顕微鏡・鉱物顕微鏡ともいわれ，岩石の組織や鉱物の同定ができるように普通顕微鏡にはない特別の装置をもっている。その全体像は写真の通りである。普通顕微鏡との比較を図1に示した。一番の違いは1組の偏光板を備えていることである。下方の偏光板をポラライザー，上方のものをアナライザーとよんでいる。

　光は進行方向に対して垂直な面内のあらゆる方向に振動する波と考えられる。これに対してある特定の方向にのみ振動する光を偏光という。金属以外の表面で反射する光は偏光の状態になっており，天空光にも偏光が多く含まれている。このように我々の周囲にも気づかないがたくさんの偏光が存在する。

　ある特定の方向にだけ振動する光を通過するフィルターを，偏光板または偏光フィルターという。それはちょうどひじょうに目の細かなすだれのようなものである。昔はニコル (W. Nicol, 1768～1851。イギリスの物理学者) がつくった透明な方解石の結晶でつくったものが使われた。現在でも偏光板をニコルということがあるのはこのためである。近年ではニコルのものに替わって化学合成品を使った偏光板が広く使われている。

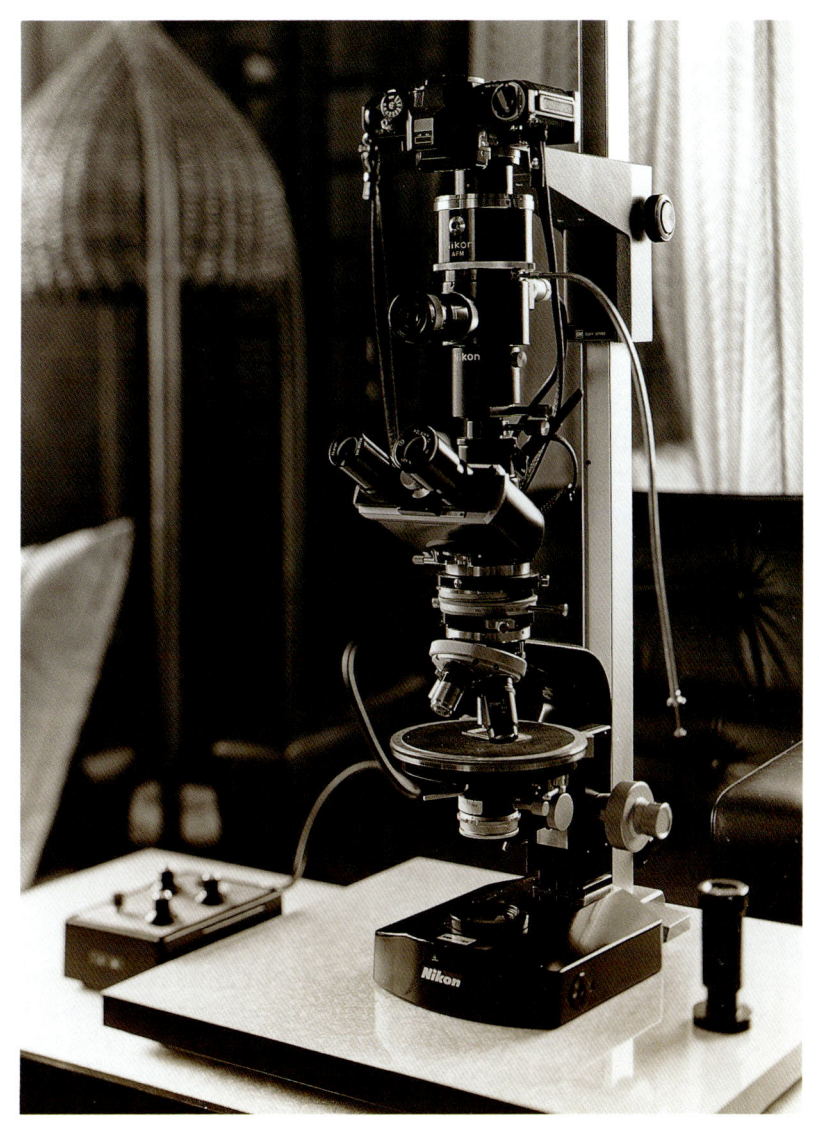

偏光顕微鏡写真

　偏光顕微鏡写真はこのような偏光顕微鏡を使って撮影したものである。通常は同一視野の像を平行ニコル(単ニコルともいう)と直交ニコルによって撮影する。撮影装置には種々のものがあるが，写真の上部に見えるようなカメラハウスとシャッターからなる装置と，左下部に見えるコントローラーを使って撮影される。

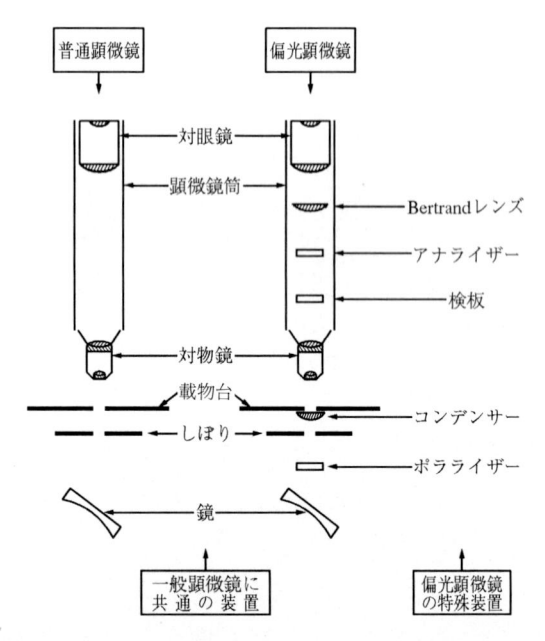

図1 普通顕微鏡と偏光顕微鏡との比較(坪井,1959を一部改変)

　鉱物など物質のなかを光が通過すると，ガラスなどの非晶質やざくろ石などの等軸性結晶では，あらゆる方向に振動する光がそのまま通過する。これを光学的等方体とよぶ。等軸性鉱物以外の結晶では，光は直交するふたつの方向に振動する偏光の状態で通過し，一般に光の通過する方向によってふたつの光の伝わる速度・屈折率・吸収などに差を生じる。このような結晶は光学的異方体とよばれ，この現象を複屈折という(図2)。複屈折のおこる割合はひとつの結晶内でも方向によって異なっている。

　2枚の偏光板を通過する光が互いに直交するように配置し，このあいだに薄片を挟むと，薄片中の鉱物のもつ光学性によって上に述べた複屈折によって薄片中に存在する鉱物粒に光学的な差異を生じ，無色鉱物のような透明な鉱物でもそれぞれの個体を識別することができる。非晶質や等方性結晶はこのような差異を生じないので真っ黒に見える。偏光顕微鏡はこのような状態の薄片を拡大観察できるようにつくられたものである。上方の偏光板はスライドして光路から取り外すことができるようになっていて，この状態で観察することを平行ニコル(あるいは単ニコル)による観察といい，薄片そのものを拡大して観察することになる。これに対して上方の偏光板を光路にいれ観察する状態を直交ニコルという。その構成

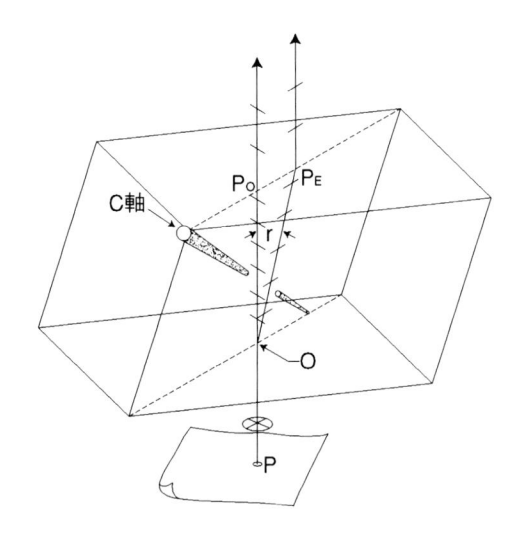

図2 透明方解石に見られる複屈折(Bloss, 1961を一部改変)。通常光が下部Oより方解石中を通過するとき,光は屈折率の異なるOP$_O$とOP$_E$のふたつに分かれて進む。OP$_O$を通常光,OP$_E$を異常光とよぶ。このときふたつの光は互いに直交する方向に振動する偏光となっていて,その進行速度は両者のあいだに差異を生じている。上方からこの結晶の下においた紙の上の点Pを見ると,ふたつのPがずれて重なって見える。

を普通顕微鏡と比較して見ると図1のようになる。偏光顕微鏡には光を薄片に集束してあてるためのコンデンサーが備わっている。このほか,薄片を回転して観察できるように回転ステージがついていること,鉱物を固定するのに使われる検板というものが備わっていること,コノスコープ像といって鉱物のいろいろな方向から通る光の実像を観察するためのベルトランドレンズとよばれる装置がついているなどの違いがある。また,対物レンズはそれほど高倍率のものを必要としないので,ふつうは4倍,10倍,20倍,40倍位のものがつけられている。

付表 1　おもな鉱物の鑑定表

I. 金属光沢のある鉱物

鉱物名	英名	組成	色	条痕	硬度	比重	結晶系	その他の特徴
金	Gold	Au	金黄	金黄	2.5～3	19.3	等軸	展延性・樹枝状
銅	Copper	Cu	赤銅	赤銅	2.5～3	8.9	等軸	展延性
斑銅鉱	Bornite	Cu_5FeS_4	赤銅	黒	3	5.4	正方	脆い・紫色に変化しやすい
黄銅鉱	Chalcopyrite	$CuFeS_2$	濃黄	緑黒	3.5～4	4.2	正方	塊状・脆い・三角銅鉱
黄鉄鉱	Pyrite	FeS_2	淡黄	黒黒	6～6.5	5	等軸	正六面体・八面体
磁鉄鉱	Pyrrhotite	$Fe_{1-x}S_4$	赤黄	黒	3.5～4.5	4.5	六方	磁性・光沢弱い
白鉄鉱	Marcasite	FeS_2	白黄	黒	6	4.7	斜軸	柱状・なめると酸味
銀	Silver	Ag	銀白	銀白	3	10.1～11.1	等軸	酸化すると赤色
蒼鉛	Bismuth	Bi	銀白	白	2～2.5	9.8	三方	ナイフで切れる・赤味を帯びた色
砒	Arsenic	As	銀白	灰黒	3.5	5.7	三方	ローソクの火で白煙・ニラ臭
水銀	Mercury	Hg	銀白	—	—	13.6	三方	液体・球状・重い・10℃で気化
テルル	Tellurium	Te	銀白	灰黒	2～2.5	6.5	三方	ローソクの火で溶ける
輝コバルト鉱	Cobaltite	CoAsS	銀白	灰黒	5.5	6	等軸	劈開完全・12面体
硫砒鉄鉱	Arsenopyrite	FeAsS	銀白	灰黒	5.5	6	斜方	菱柱状
軟マンガン鉱	Pyrolusite	MnO_2	灰黒	黒	2.5	4.8	正方	軟かい・塩酸で刺激臭
アンチモン鉱	Allemontite	AsSb	灰・褐黒	灰	3～4	6.3	三方	樹枝状・塊状・結晶はみえない
輝水鉛鉱	Molybdenite	MoS_2	鉛灰	灰黒	1.5	4.7	六方	六角板状・軟かい
輝安鉱	Stibnite	Sb_2S_3	鉛灰	灰黒	2	4.6	斜方	柱状・熱すると溶ける
輝銀鉱	Argentite	Ag_2S	鉛灰	鉛灰	2	7.3	単斜	ナイフで切れる
輝蒼鉛鉱	Bismuthinite	Bi_2S_3	鉛灰	黒	2.5	6.4	斜方	ローソクの火で溶ける
方鉛鉱	Galena	PbS	鉛灰	鉛灰	2.5	7.6	等軸	劈開三方に完全
輝銅鉱	Chalcocite	Cu_2S	鉛灰	鉛灰	2.5	5.7	斜方	やや青味をもつ色
赤鉄鉱	Hematite	Fe_2O_3	鉄黒	赤褐	5.5～6.5	4.9～5.3	六方	六角板状
石墨	Graphite	C	鉄黒	黒	1.5	2.2	六方	鱗片状・軟かい

鉱 物 名	英 名	組 成	色	条痕	硬度	比重	結晶系	その他の特徴
硫砒銅鉱	Enargite	Cu₃AsS₄	鉄黒	黒	3	4.4	斜方	短柱・柱面に条線
アラバンダイト	Alabandite	MnS	黒褐	緑	3.5～4	3.9	等軸	褐色に変色する
水マンガン鉱	Manganite	MnO・OH	鉄黒	赤褐	4.5	4.3	斜方	劈開完全・柱状
チタン鉄鉱	Ilmenite	FeTiO₃	鉄黒	黒	6	4.7	三方	六角板状
クローム鉄鉱	Chromite	FeO・Cr₂O₃	鉄黒	暗褐	6	4.5	等軸	塊状・弱い磁性
磁鉄鉱	Magnetite	FeO・Fe₂O₃	鉄黒	黒	5.5	5.2	等軸	強磁性
ブラウン鉱	Braunite	(Mn, Si)₂O₃	黒・褐黒	黒	6～6.5	4.8	正方	変成帯・古生層より産出

II. 亜金属・非金属光沢で条痕色が濃い鉱物

( )中は光沢

鉱 物 名	英 名	組 成	色	条痕	硬度	比重	結晶系	その他の特徴
銅 藍	Covelline	CuS	暗青	黒	1.5～2	4.6	等軸	(金剛)・息をかけると紫色
四面銅鉱	Tetrahedrite	(Cu, Fe)₁₂Sb₄S₁₃	灰黒・黒	黒	3～4.5	4.6～5.1	等軸	(金剛)・四面体結晶がよくでる
ルソン銅鉱	Luzonite	Cu₃AsS₄	暗紫	黒	3～4	4.4	正方	(金剛)・劈開なし・自形結晶は稀
閃亜鉛鉱	Sphalerite	ZnS	暗褐	褐	4	4	等軸	劈開完全
閃マンガン鉱	Manganosite	MnO	緑	黒褐	5～6	5	等軸	(ガラス)・劈開完全
閃ウラン鉱	Uraninite	UO₂	黒	黒褐	5.5	7.0～9.9	等軸	(ガラス)・酸化しやすく黒褐色に変化
鉄 重 石	Ferberite	FeWO₄	黒	黒褐	4.5	7.6	単斜	(脂肪)・塊状
硬マンガン鉱	Psilomelane	(Ba, Mn)₃(OOH)₆	黒	黒褐	5.5	4.7	単斜	(ガラス)・板状
珪孔雀石	Chrysocolla	CuSiO₃・2H₂O	緑	緑白	2.5	2.2	斜方	(ガラス)二次鉱物(マンガン鉱物の仮像)
針鉄鉱	Goethite	FeOOH	赤褐	暗褐	5.5	4.3	斜方	(ガラス)・貝殻状断口
マンガン重石	Huebnerite	MnWO₄	赤褐	橙褐	4.5	7.3	単斜	(ガラス)・腎臓状集合
鉄マンガン重石	Wolframite	(Fe, Mn)WO₄	黒	赤褐	5	7.2	単斜	(ガラス)・柱状
鱗鉄鉱	Lepidocrocite	FeO(OH)	赤褐	橙	5	4.1	斜方	(金剛)・雲母状または土状
金紅石	Rutile	TiO₂	黒褐	黄褐	6.5	4	正方	(金剛)・正方柱状
錫 石	Cassiterite	SnO₂	黒褐	淡褐	6.5	7	正方	(脂肪)・正方錐
濃紅銀鉱	Pyrargyrite	Ag₃SbS₃	赤・黒	赤	2.5	5.9	六方	(金剛)・粉末・薄い結晶は赤味
淡紅銀鉱	Proustite	Ag₃AsS₃	紅	紅	2～2.5	5.6	六方	(金剛)・ローソクの火で溶ける

鉱物名	英名	組成	色	条痕	硬度	比重	結晶系	その他の特徴
辰砂	Cinnabar	HgS	紅	朱	2.5	8.1	三方	(金剛)・独特の朱色
赤銅鉱	Cuprite	Cu_2O	紅	赤褐	3.5	6.1	等軸	(金剛)・立方体
鏡鉄鉱	Specularite	Fe_2O_3	赤褐	赤褐	5.5	4.2	六方	(亜金属)・腎臓状集合・土状
鶏冠石	Realgar	As_4S_4	赤	橙赤	2	3.5	単斜	(樹脂)・劈開完全・焼くと悪臭
雄黄	Orpiment	As_2S_3	橙黄	橙赤	2	3.5	単斜	(樹脂)・劈開完全・焼くと悪臭
燐灰ウラン鉱	Autunite	(1)	淡黄	淡黄	2	3.1	正方	(真珠)・紫外線で発光
ウルツ鉱	Wurtzite	ZnS	黒褐	黄褐	4	4	六方	(金剛)・板状
孔雀石	Malachite	$Cu_2(OH)_2CO_3$	鮮緑	淡緑	4	4	単斜	(真珠)・絹糸・針状・塊状
普通輝石	Augite	(Ca,Mg,Fe)SiO_3	緑黒	灰緑	3.5	3.3	単斜	(ガラス)・劈開線交角87°・短柱
普通角閃石	Hornblende	(2)	緑黒	灰緑	5.5	3.1	単斜	(ガラス)・劈開線交角124°・柱状
藍鉄鉱	Vivianite	$Fe_3(PO_4)_2 \cdot 8H_2O$	藍・緑	淡藍	2	2.5	単斜	(ガラス)・針状
藍銅鉱	Azurite	$Cu_3(OH)_2(CO_3)_2$	菁	淡菁	4	3.8	単斜	(金剛)・柱状
藍閃石	Glaucophane	(3)	暗藍	灰菁	6	3.1	単斜	(ガラス)・繊維状・独特の青色

(1): $Ca(UO_2)_2(PO_4)_2 \cdot 10H_2O$　　(2): $NaCa_2(Mg,Fe,Al)_5(Si,Al)_8O_{22}(OH)_2$　　(3): $Na_2Mg_3Al_2Si_8O_{22}(OH)_2$

III. 非金属光沢で条痕の淡い鉱物

鉱物名	英名	組成	色	光沢	硬度	比重	結晶系	その他の特徴
滑石	Talc	$Mg_3Si_4O_{10}(OH)_2$	淡緑	真珠	1	2.7	単斜	爪で傷つく
硫黄	Sulphur	S	黄	真珠	1.5～2.5	2.1	斜方	SO_2をだし青い焔で燃えやすい
葉ろう石	Pyrophyllite	$Al_2Si_4O_{10}(OH)_2$	白・淡緑	ガラス	1.5	2.8	単斜	爪で傷つく
岩塩	Halite	NaCl	無	ガラス	2	2.2	等軸	塩味・立方体
石綿	Chrysotile	$Mg_6Si_4O_{10}(OH)_8$	白	絹糸	2	2.2	単斜	繊維状組織(Asbestos)
石膏	Gypsum	$CaSO_4 \cdot 2H_2O$	無	土状	2	2.3	三斜	爪で傷つく
カオリン	Kaolinite	$Al_2Si_4O_{10}(OH)_8$	白	土状	2	2.6	三斜	準六方板状(鏡下)・土状
明ばん石	Alunite	$KAl_3(AlSi_3O_{10})(OH_2)$	白・灰	ガラス	2.5	2.3	六方	脆い・劈開完全・板状
白雲母	Muscovite	$KAl_2(AlSi_3O_{10})(OH)_2$	白	ガラス	2.5	2.9	単斜	劈開完全・板状
黒雲母	Biotite	$K(Mg,Fe)_3(AlSi_3O_{10})(OH_2)$	黒	ガラス	2.5	2.9	単斜	劈開一方に完全

鉱 物 名	英 名	組 成	色	条痕	硬度	比重	結晶系	その他の特徴
緑 泥 石	Chlorite	(Mg, Fe, Al)$_6$(Al, Si)$_4$O$_{10}$(OH)$_8$	緑黒	ガラス	2.5	2.4	単斜	種類により色変化
ギブサイト	Gibbsite	Al(OH)$_3$	白	ガラス	2.5〜3.5	2.4	単斜	ボーキサイト・ラテライトの主要鉱物
鉄明バン石	Jarosite	KFe$_3$(OH)$_6$(SO$_4$)$_2$	黄・褐	ガラス	2.5〜3.5	2.9〜3.3	六方	強い集電性・鉄鉱石の皮膜
リシア雲母	Lepidolite	(5)	桃	真珠	2.5〜4	2.8	単斜	鱗雲母・色に注意
方 解 石	Calcite	CaCO$_3$	無	ガラス	3	2.7	三方	希塩酸に溶ける
白 鉛 鉱	Cerussite	PbCO$_3$	白	ガラス	3.5	6.6	斜方	斜方柱状
硬 石 膏	Anhydrite	CaSO$_4$	白	ガラス	3.5	4	斜方	劈開三方向完全
重 晶 石	Barite	BaSO$_4$	白	ガラス	3.5	4.5	斜方	劈開完全・板状
蛇 紋 石	Serpentine	Mg$_6$Si$_4$O$_{10}$(OH)$_8$	暗緑	樹脂	3.5	2.6	単斜	滑感・緻密
モルデン沸石	Mordenite	(6)	白	ガラス	3.5	2.1	斜方	毛状
スコロダイト	Scorodite	Fe(AsO$_4$)・2H$_2$O	緑・褐	ガラス	3.5〜4	3.3	斜方	加熱するとねぎの臭い
ほたる石	Fluorite	CaF$_2$	無	ガラス	4	3.2	等軸	熱するとわずか蛍光
菱 苦 土 鉱	Magnesite	MgCO$_3$	白	ガラス	4	3	三方	塩酸でわずか発泡
菱 鉄 鉱	Siderite	FeCO$_3$	黄褐	ガラス	4	4	三方	粒状・塩酸で発泡
菱マンガン鉱	Rhodochrosite	MnCO$_3$	淡紅	ガラス	4	3.7	三方	塩酸で発泡
苦 灰 石	Dolomite	CaMg(CO$_3$)$_2$	白	ガラス	4	2.9	三方	塩酸で発泡
あられ石	Aragonite	CaCO$_3$	白	ガラス	4	3	斜方	長板状・柱状・塩酸で発泡
濁 沸 石	Laumontite	(7)	白	ガラス	4	2.3	単斜	ナイフ様・粉末状
輝 沸 石	Heulandite	(8)	白	真珠	4	2.2	単斜	六角板状
束 沸 石	Stilbite	(9)	白	ガラス	4	2.2	単斜	放射状集合
ゼノタイム	Xenotime	YPO$_4$	灰褐	ガラス	4.5	5	正方	正方錐・ときに緑
曹 灰 針 石	Pectolite	Ca$_2$NaH(SiO$_3$)$_3$	白・灰	真珠	4.5〜5	2.9	三斜	針状放射状集合
藍 晶 石	Kyanite	Al$_2$O$_3$・SiO$_2$	青灰	ガラス	4.5〜7	3.6	三斜	方向により硬度異なる・二硬石
珪 灰 石	Wollastonite	CaSiO$_3$	白・黄	ガラス	4.5	2.8	三斜	塩酸に溶ける

(4): (Mg, Fe, Al)$_6$(Al, Si)$_4$O$_{10}$(OH)$_8$
(5): KLi$_2$Al(F, OH)$_2$SiO$_{10}$
(6): (Na$_2$, K$_2$, Ca)Al$_2$Si$_{10}$O$_{24}$・7H$_2$O
(7): CaAl$_2$Si$_4$O$_{12}$・4H$_2$O
(8): CaAl$_2$Si$_7$O$_{18}$・6H$_2$O
(9): CaAl$_2$Si$_7$O$_{18}$・7H$_2$O

鉱物名	英名	組成	色	条痕	硬度	比重	結晶系	その他の特徴
菱沸石	Chabazite	$CaAl_2Si_4O_{12} \cdot 6H_2O$	無・白	ガラス	4.5	2.1	擬六方	菱面体
モナズ石	Monazite	(Ce, La)PO$_4$	黄・褐	樹脂	5	5.1	単斜	劈開完全・柱状・板状
燐灰石	Apatite	$Ca_5(PO_4)_3F$	無	ガラス	5	3.2	六方	六角柱状・板状
灰重石	Scheelite	$CaWO_4$	灰	ガラス	5	6.1	正方	希塩酸で黄色ガス
頑火輝石	Enstatite	$MgSiO_3$	灰緑	ガラス	5.5	3.3	斜方	柱状・深成岩に多い
しそ輝石	Hypersthene	(Mg, Fe)SiO$_3$	褐	ガラス	5.5	3.5	斜方	長柱状
方沸石	Analcite	$NaAlSi_2O_6 \cdot H_2O$	白・無	ガラス	5.5	2.3	等軸・六方	24面体・晶洞に多い
ソーダ沸石	Natrolite	(11)	白	ガラス	5.5	2.3	斜方	劈開完全・放射状集合
透輝石	Diopside	$CaMgSi_2O_6$	淡緑	ガラス	6	3.3	単斜	劈開直交・柱状
灰鉄輝石	Hedenbergite	$CaFeSi_2O_6$	暗緑	ガラス	6	3.6	単斜	吹管に溶ける・黒球
透閃石	Tremolite	$Ca_2Si_8O_{22}(OH)_2$	無・白	ガラス	6	3	単斜	繊維状
緑閃石	Actinolite	(12)	淡緑	ガラス	6	3.1	単斜	繊維状・柱状(陽起石)
直閃石	Anthophyllite	(13)	灰	ガラス	6	3.1	斜方	繊維状・平行集合
正長石	Orthoclase	$KAlSi_3O_8$	白	ガラス	6	2.6	単斜	劈開二方向に完全
斜長石	Plagioclase	(14)	白	ガラス	6	2.7	三斜	柱状・板状
鉄かんらん石	Fayalite	Fe_2SiO_4	褐黄	ガラス	6.5	4.1	斜方	塊状・粒状
珪線石	Sillimanite	$Al_2O_3 \cdot SiO_2$	灰	絹糸	6.5	3.2	斜方	繊維状・接触変成岩に多い
緑れん石	Epidote	$Ca_2(Fe, Al)_3Si_3O_{12}$	緑	ガラス	6.5	3.4	単斜	柱状
ベスブ石	Vesuvianite	(15)	褐	ガラス	6.5	3.4	正方	正方柱・正方錐
クリストバル石	Cristobalite	SiO_2	白	ガラス	6.5	2.3	正方	粒状・火山岩の割れ目に産出
ダイヤスポア	Diaspore	AlOOH	白	真珠	6.5～7	3.4	斜方	ボーキサイトの主要鉱物
石英	Quartz	SiO_2	無	ガラス	7	2.7	三方	六方柱・条線(柱面)
りん珪石	Tridymite	SiO_2	白	ガラス	7	2.3	単斜	板状・火山岩の割れ目に産出
たん白石	Opal	$SiO_2 \cdot nH_2O$	白	ガラス	7	2.1	非晶質	貝殻状断口
玉ずい	Chalcedony	SiO_2	白	ガラス	7	2.6	潜晶質	放射状集合

(10): $CaAl_2Si_4O_{12} \cdot 6H_2O$
(11): $Na_2Al_2Si_3O_{10} \cdot 2H_2O$
(12): $Ca_2(Mg, Fe)_5Si_8O_{22}(OH)_2$
(13): $(Mg, Fe)_7Si_8O_{22}(OH)_2$
(14): $(Na, Ca)(Si, Al)AlSi_2O_8$
(15): $Ca_{10}Mg_2Al_4(Si_2O_7)_2(SiO_4)_5(OH)_4$

鉱 物 名	英 名	組 成	色	条 痕	硬 度	比 重	結晶系	そ の 他 の 特 徴
苦土かんらん石	Olivine	Mg_2SiO_4	淡緑	ガラス	7	3.3	斜方	超苦鉄質(塩基性)岩に産出
鉄ばんざくろ石	Almandine	$Fe_3Al_2Si_3O_{12}$	赤褐	ガラス	7	4	等軸	24面体・接触変成岩中に産出
灰ばんざくろ石	Grossular	$Ca_3Al_2Si_3O_{12}$	白・緑	ガラス	7	3.4	等軸	12面体・スカルン・蛇紋岩に産出
灰鉄ざくろ石	Andradite	$Ca_3Fe_2Si_3O_{12}$	緑・褐	ガラス	7	3.8	等軸	12面体・スカルン中に産出
斧 石	Axinite	(16)	褐	ガラス	7	3.2	三斜	斧状・スカルン中に産出
電 気 石	Tourmaline	(17)	黒	ガラス	7	3.1	三方	六方柱・柱面にたての条線
ジ ル コ ン	Zirkon	$ZrSiO_4$	無・褐	ガラス	7.5	4.7	正方	ペグマタイトに産出
紅柱石	Andalusite	$Al_2O_3SiO_2$	灰・赤	ガラス	7.5	3.2	斜方	接触変成岩中に産出
緑柱石	Beryl	$Be_3Al_2Si_6O_{18}$	緑黒	ガラス	7.5	2.7	六方	六角柱状
菫青石	Cordierite	(18)	淡青	ガラス	7.5	2.6	斜方	接触変成岩中に産出
黄玉	Topaz	$Al_2SiO_4(OH,F)_2$	無	ガラス	8	3.5	斜方	劈開一方向に完全
鋼玉	Corundum	Al_2O_3	灰青	ガラス	9	4	六方	柱状・錐状
ダイヤモンド	Diamond	C	無	金剛	10	3.5	等軸	非常に硬い・屈折率が高い

(16): $(Ca, Mn, Fe)_3Al_2BO_4(Si_4O_{12})OH$　　(17): $Na(Mg, Fe)_3Al_6(BO_3)_3Si_6O_{18}(OH, F)_4$　　(18): $(Mg, Fe)_2Al_3(Si_5AlO_{18})$

付表2　堆積岩の分類表

I. 起源による堆積物(岩)の分類

(1) 砕屑物

	未固結のもの	粒径	砕屑岩(岩石名)
礫質	巨礫	256mm以上	
	大礫	256〜64mm	礫岩
	中礫	64〜4mm	角礫岩(角礫を主とする礫岩)
	細礫	4〜2mm	
砂質	極粗粒砂	2〜1mm	
	粗粒砂	1〜1/2mm	砂岩
	中粒砂	1/2〜1/4mm	花こう岩質砂岩(長石に富む粗粒砂岩)
	細粒砂	1/4〜1/8mm	硬砂岩(岩片を含む硬い砂岩)
	極細粒砂	1/8〜1/16mm	
泥質	シルト	1/16〜1/256mm	泥岩 / シルト岩
	粘土	1/256mm以下	粘土岩 / 頁岩(剝理面を持つもの) / 粘板岩(さらに剝理面の強いもの)

(2) 火山砕屑物

火山岩塊	32mm以上	火山角礫岩 / 凝灰角礫岩
火山礫	32〜4mm	火山礫凝灰岩 / 火山岩滓凝灰岩 / 軽石凝灰岩
粗粒火山灰	4〜1/4mm	粗粒凝灰岩
細粒火山灰	1/4〜1/64mm	細粒凝灰岩
火山塵	1/64mm	

(3) 化学的沈積物(岩)

　　炭酸塩……石灰岩, ドロマイト(Mgに富む石灰岩)
　　珪質……チャート
　　塩類(蒸発残留岩)……石膏, 硬石膏, 岩塩

(4) 生物源沈積物(生物岩)

　　石灰質……有孔虫石灰岩, さんご石灰岩, 礁石灰岩, チョーク
　　珪質……珪藻土, 放散虫岩
　　炭質……泥炭, 亜炭, 石炭
　　アスファルト質……腐泥, 油母頁岩, 石油, 天然ガス

II. 生成環境による堆積物(地層)の分類

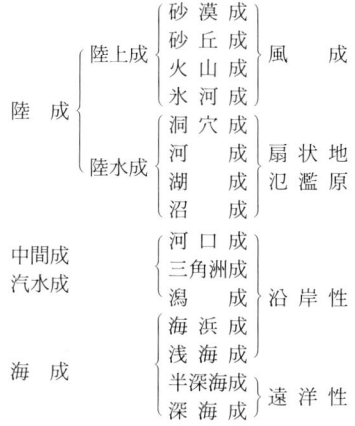

- 陸成
  - 陸上成
    - 砂漠成 ┐
    - 砂丘成 │ 風成
    - 火山成 │
    - 氷河成 ┘
  - 陸水成
    - 洞穴成
    - 河　成 ┐ 扇状地
    - 湖　成 │ 氾濫原
    - 沼　成 ┘
- 中間成
- 汽水成
  - 河口成
  - 三角洲成 ┐ 沿岸性
  - 潟　成 ┘
- 海成
  - 海浜成
  - 浅海成
  - 半深海成 ┐ 遠洋性
  - 深海成 ┘

付表3　火成岩の分類表

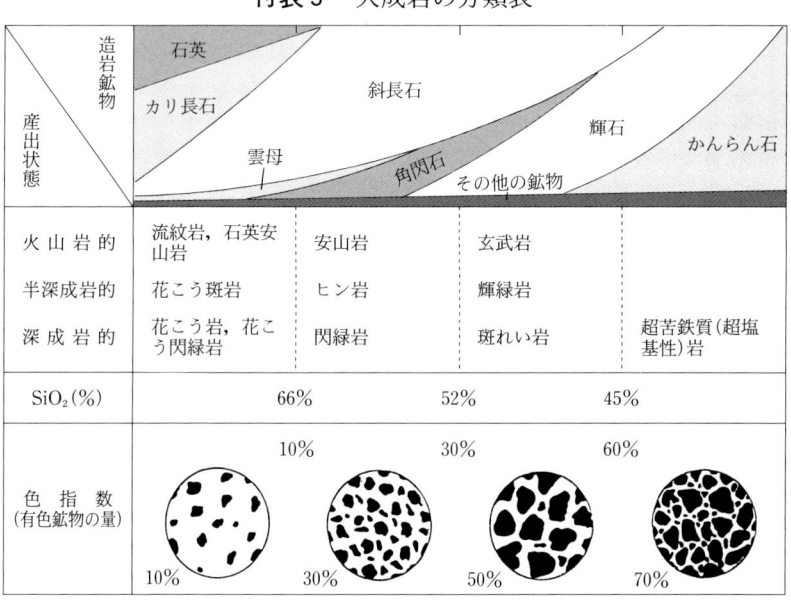

産出状態	造岩鉱物	石英／カリ長石／斜長石／雲母／角閃石／輝石／かんらん石／その他の鉱物
火山岩的	流紋岩, 石英安山岩	安山岩	玄武岩	
半深成岩的	花こう斑岩	ヒン岩	輝緑岩	
深成岩的	花こう岩, 花こう閃緑岩	閃緑岩	斑れい岩	超苦鉄質(超塩基性)岩
SiO$_2$(%)	66%	52%	45%	
色指数(有色鉱物の量)	10%／10%	30%／30%	30%／50%	60%／70%

用 語 解 説

色指数
岩石に含まれる有色鉱物(おもに鉄マグネシウム鉱物)の量を百分率であらわした値。色指数30以下を優白岩，30～60を中色岩，60以上を優黒岩という。石基の色指数が60～30，30～10，10～0をそれぞれ，玄武岩，安山岩，流紋岩という。

オフィチック組織
斑れい岩や粗粒玄武岩によく見られる組織。輝石の大きい結晶のなかに小さい斜長石がつつまれているなど，鉱物粒の大きさ・形の組合せのしかたをいう。

崖錐
テーラスともいう。切り立った崖の斜面の風化によって落下した風化岩屑が崖下に堆積してできた円錐形の地形。急な崖下に堆積した不安定な地形で，角礫その他大小の粒径の物質からなる崩土からなる。30～40度の急傾斜をなすことが多く，降雨などによる水の存在で下方に徐々に移動する。また，豪雨による土石流などが発生することもある。

化学的堆積岩
水溶液中の可溶性成分が化学的条件の変化過程によって水溶液から沈澱してできた堆積物の岩石。従来，チャートや石灰岩がその例とされたが，生物学的にも同時に折出されるものが多い。

下刻
下方侵食ともいう。河流が河床を下方に低める侵食作用。岩石中に発達する節理や層理などの割目に沿って岩塊をもぎとる切離作用と流水や波によってすりみがく研磨作用とがある。

仮像
鉱物のなかで，温度・圧力・化学的状態の変化により，その外形を保ったまま，成分の一部，あるいは全部が置換して，まったく新しい鉱物になったもの。

貫入双晶
透入双晶ともいう。2個体が互いに入り組んだ関係で双晶関係にあるもの。接合面は不規則。接触双晶は対語で，接触面は平面。

稀土類元素
元素の周期表で第III族に属するもののうち原子番号が57～71番の15元素とSc，Yの計17元素をいう。これらの元素は性質が似ており，相互に相伴って産することが多い。存在量は少なくないが産出量が少ない。

共生鉱物
同時に一定の物理化学的条件下で安定して形成された2種以上の鉱物の集合。鉱物組合せともいう。

苦鉄質(塩基性)粗粒完晶質岩
SiO_2の含有量が約45〜52wt%と少なく，結晶粒が一般に直径5mm以上でガラス質を含んでいない岩石。火成岩のなかの半深成岩・深成岩に見られ，代表的には輝緑岩や粗粒玄武岩および斑れい岩。化学で用いる塩基性とは無関係。

黒鉱鉱床
閃亜鉛鉱・方鉛鉱・重晶石を主とし四面銅鉱・黄鉄鉱などの細粒緻密(ちみつ)の混合鉱石を黒鉱(くろこう)という。黒鉱は名のごとく真黒に見え，発見当初，日本のグリーンタフ地域に特有に見られた大規模鉱床である。

結晶系
結晶はいくつかの平面で囲まれた多面体である。表現・分類のため3軸座標を使い，3軸の長さの単位と軸角の組合せで6種に分類され，等軸晶系，斜方晶系，三斜晶系など6晶系に分けられる(見返しの表を参照)。

結晶水
結晶中にその結晶の主成分のひとつとして含まれる水の分子。結晶水には脱水によって結晶構造が崩壊するものとしないものとがある。含まれる結晶水の分子数によって3水塩とか5水塩とよぶ。

高温交代鉱床
接触変成作用にともないマグマから供給された物質による交代作用によって生じた鉱床。接触交代鉱床，スカルン鉱床ともいう。重金属の酸化物，硫化物，タングステン酸塩，元素鉱物が産出する。

膠　結
水に溶けた鉱物成分が堆積物の粗粒物質のあいだに沈澱して各粒子を膠(にかわ)で固めたようにする作用を膠結(こうけつ)という。この沈澱物を膠結物あるいはセメントともよぶ。

ゴージュ
河川の下刻作用がいちじるしく早く進行すると周囲の斜面の平坦化が遅れ，両岸が切り立った急峻な地形が形成される。多くの場合，川幅が狭く川の深度が深く，いわゆる函となる。

鉱染鉱床
岩石の小さな割れ目に沿い，あるいは岩塊全体にわたって鉱化ガスや熱水溶液が浸透し，不規則散点状に鉱石鉱物が沈澱してできる。砂岩・礫石・凝灰岩など多孔質な岩石，石灰岩のような溶けやすい岩石中に生成する。

固溶体
液体が混合して一種の均質な液体になるように，2種またはそれ以上の結晶が

均質な結晶をつくる現象。混晶ともいう。どんな割合でもできる固溶体を連続固溶体または完全混晶という。部分的な場合は，部分固溶体，不完全混晶という。

三斜晶系
6種の晶系のひとつ。3軸の軸比がすべて異なり，軸角もすべて異なる。結晶形は1面体(ペジオンともいう)と2面の平行面体しかない。いずれも1種類の結晶形では空間を限ることはできないので集形をつくる。

自　形
鉱物固有の結晶面がよく発達している形を形容する語。他形に対する語。一般に火山岩の斑晶のように早期に晶出する鉱物は自由に成長し自形を示す。

磁鉄鉱系列
スピネル族の鉱物には3価の金属がAl, Fe, Crからなる3種類がありFe^{3+}の系列を磁鉄鉱系列という。2価の金属はMg, Fe^{2+}, Zn, Mn, Niなどが知られており，これらはともに逆スピネル構造をもち強磁性をもつことが特徴。

斜方晶系
6晶系のなかのひとつ。軸比は3軸とも異なり，軸角はすべて直角。この系に属する結晶族は3種ある。

集　形
同価な結晶面の集合を結晶形という。結晶形のもっとも少ないものは1面，もっとも多いものは48面あり，1種の結晶形で構成されている結晶はきわめてまれである。一般に数種の結晶形の集合が多く，この集合を集形という。

充填鉱脈
岩石の割れ目を有用鉱物が充填した板状の鉱床。正確には割れ目(裂罅)充填鉱床ともいうが，単に鉱脈ということもある。

条痕色
条痕は鉱物を細かい粉末にしたときの色と同じで，鉱物によって比較的一定であり，肉眼鑑定では簡単で重要な物理的性質のひとつである。素焼きの陶磁器にすりつけたときに，鉱物の粉末によって描かれる条線の色をいう。

シリカ鉱物
SiO_2という組成をもつ同質多形相(多形の用語解説参照)をいう。大きく分けて石英，トリディマイト，クリストバライト，スティショバイト，コーサイトとnH_2Oを含むオパールをいう。

新第三系
新第三紀に形成された岩層。$25 \pm 2 \sim 2 \times 10^6$年前から人類出現までの時代を新第三紀とよぶ。現生生物が出現・発展した時期で，とくに哺乳動物の進化・大型化が特徴。

スコリア
岩滓(がんさい)。火山砕屑(さいせつ)物の一種で，多孔質で見かけ比重が小さく，黒色・暗褐色などの暗い色を示すものをいう。玄武岩質マグマより生ずる。流紋岩や安山岩マグマより生ずる白色や淡色の軽石(かるいし)に対する言葉。

スピネル
2価と3価の金属の酸化物で等軸晶系の鉱物をスピネル族といい，3価の金属がAlのときスピネル系，さらに2価金属がMgのときスピネルという。磁性はない。正スピネルタイプという結晶構造の鉱物。

正岩漿分化作用
マグマから珪酸塩鉱物の晶出する主要時期に液体マグマの残液から非揮発成分である磁鉄鉱・クロム鉄鉱・金属硫化物などが鉱床を形成する作用。火成鉱床の生成作用。

正方晶系
6種の晶系のひとつ。3軸のうち2軸は等長，軸角はすべて直角。この晶系には7種の晶族がある。

石基
斑状火成岩中の斑晶(大型の結晶)のあいだをうめている物質。マグマが急に冷却するとガラスあるいは細粒の鉱物集合体ができる。斑晶のつぎに晶出するこの集合体を石基という。

節理
岩石中の明瞭な割れ目で，割れ目の面に平行な方向への相対的な変位がまったくないか，あってもごくわずかである。いずれの場合も群をなしており，一定角度で二方向の節理が明瞭な場合が多い。

潜晶質
細粒の結晶質岩石または石基の組織。光学顕微鏡下で判定されるが，個々の構成鉱物が識別できないほど細粒の場合は隠微晶質ともいう。

浅熱水鉱床
マグマ起源の上昇熱水溶液から地下浅所でかつ低温条件で生じた鉱床。ふつう地表下1000m以内，温度は100～200℃，圧力2000気圧以下の範囲で生ずる。大多数は第三紀の火山作用と密接な関係がある。日本の主要な鉱床にはこの型に属するものが多い。熱水鉱床の項も参照。

双晶
特定な結晶面あるいは結晶軸に関して互いに対称的であるように2個の結晶が結合したもの。

双晶ラメラ
2個体が1平面で貼り合せたような形で双晶関係にある結晶。接合面はふつう双晶面と一致する。3個以上の個体が同じ双晶面をもち，くりかえされるとき

集片双晶とよび,個体の幅がせまくなると双晶ラメラまたは葉片状構造という。

他　形
鉱物の外形を示す用語。その鉱物固有の結晶面の発達が隣接するほかの鉱物によって妨げられた形。自形の対語。深成岩中の晩期の鉱物や変成岩の鉱物の多くはこの形である。

多　形
多像または同質多形(異像)ともいう。同じ化学組成をもつ物質が,ふたつ以上の違った結晶構造をもつ結晶として存在すること。温度や圧力など物理的条件が違うと同じ組成でも違った構造が安定となり転移する。石墨とダイヤモンド(共にC)など。

単斜晶系
6種の結晶系のひとつ。3軸の軸比がそれぞれ異なり,軸角はふたつは直角,ひとつは有角で物質ごとに特有の数値をもつ。

中性深成岩
火成岩において,その主要化学成分のSiO$_2$量が66〜52wt％までのもの。一般に正長石より斜長石が多い。その斜長石はNaとCaの比は同等か,ややCaが多い。そのほか角閃石が主成分。

テルル
元素記号Te。地殻中の元素存在量は72位の0.000001％で白金と同じ。テルルは硫黄Sの同族元素でSを主とする鉱物中に副成分として少量含まれ,そのほか,手稲石CuTeO$_3$・2H$_2$O,テルル石TeO$_2$などとして産出する。エアコン・冷蔵庫・太陽電池・着色剤などに使用。

等軸晶系
6種の結晶系のひとつ。3軸の軸比がすべて等しく,軸角もすべて直角。立方晶系ともいう。

熱王水
濃塩酸と濃硝酸とを体積比で約3：1に混合したものの加熱溶液。金・白金などを溶かす強酸化剤。

熱水鉱床
揮発性成分に富む高温の熱水溶液からの沈澱あるいは交代作用によって生じた鉱床。鉱床生成の温度,圧力あるいは生成深度の点から,浅熱水鉱床,中熱水鉱床,深熱水鉱床,カタサーマル鉱床など数種に分類される。

斑　晶
斑状の火成岩において,より細粒の石基中に肉眼的に目だって大きく見える結晶。斑晶は自由に成長し,融食,破壊をうけなければ,一般に典型的な自形を示す。多くの火山岩・半深成岩などに認められる。

斑状組織
細粒またはガラス質石基中により大きな斑晶を含む火成岩の組織。大部分のマグマは液体と結晶の混合からできていて，急に冷却すると石基と斑晶の集合体となる。このような関係を斑状組織という。

斑状変晶
変成作用で生じた斑晶状の鉱物結晶。紅柱石・菫青石・斜長石・ザクロ石などがなりやすい。この場合，自形のことも他形のこともある。

パンペリー石
$Ca_4(Mg, Fe^{2+}, Al)_2 Al_4Si_6O_{23}(OH)_3 2H_2O$。変成岩としては，変成度のもっとも低い埋没変成岩のうち高い変成部分に主として見られる変成鉱物。単斜晶系の珪酸塩鉱物。$Mg \rightleftarrows Mn^{2+}$，$Al \rightleftarrows Mn^{3+}$ の置換をした鉱物がオホーツク石。

非晶質
結晶が含まれていない部分。ガラス質と同じ。結晶と異なり準安定相で，古い時代の岩石では存在しない。マグマの液体部分の急冷によって生ずる。

漂砂鉱床
砂鉱床と同じ。風化侵食作用により生じた岩石・鉱物の破片が，現地より運搬されて風水の淘汰作用により機械的に濃集堆積した砂礫鉱床。金・白金・鉄鉱・宝石など高価で安定した重鉱物が多い。

劈開(へきかい)
特定な結晶面に平行に割れ，比較的平たんな破面をつくる現象。結晶内での原子の規則正しい配列と方向による結合力の差によって起こる。同一種の結晶ではすべての個体に認められる。特定の個体だけに見られる場合には裂開とよぶ。完全，良好，明瞭，不明瞭などであらわす。

β-硫黄
単斜晶系，濃褐色厚板状，針状結晶で96℃以上で安定。単斜硫黄ともいう。常温では斜方晶系黄色の α-硫黄(斜方硫黄)が安定。天然産の α-硫黄には β 相の仮像をなすものもある。

方解石族
$A(CO_3)$ の一般式であらわされ，$A=Ca$，Mg，Fe，Mn，Co，Zn，Cd など。いずれも六方晶系。金属イオンの半径が1.0Å以下(Ca のイオン半径)の場合は方解石族，それより大きいときはアラゴナイト族(斜方晶系)の結晶。

ホウ砂球反応
熔球反応のひとつ。鉱物の乾式定性分析の一種。鉱物を熔融剤で熱して熔融すると鉱物中の元素と反応して特有な着色反応を生ずる。その熔球の熱時，冷時の呈色で元素を検出する方法。熔融剤はホウ砂。

捕獲岩
火成岩中に含まれる別種の岩石片。これには母岩と成因的に同源の岩片である

場合と成因的に関係のない岩片の場合とがある。

耳付双晶（みみつき）
日本特産の黄銅結晶に見られる双晶結晶。黄銅鉱は正方晶系の結晶で自形は{112}の発達した正方四面体で，三角形の2面の隅に同じ形の小さな結晶が両隅に貫入双晶として見られ，一見，両側に耳のように見える。

脈　石
有用鉱床の鉱石中，含有されている役にたたない鉱物の総称。個々の鉱物は脈石鉱物という。また有用鉱物が少なく主として脈石鉱物からなる部分も脈石という。鉱石の対語。

雄　黄（ゆうおう・せきおう）
石黄ともいう。As_2S_3。単斜晶系。自形のものは準斜方晶系を示す短柱状でまれに産出する。つねに鶏冠石 As_4S_4 と共生し，その分解物として共成する。レモン黄色，劈開（へきかい）は {010} に完全，透明な結晶。

流状組織
火山岩，とくに流紋岩や安山岩などは石基を構成する鉱物やガラスが，斑晶を取りまいて屈曲しながらつながっていることが多い。マグマの流動によって生じたもので，一般に流状組織とよばれる。

離溶共生
高温において安定な1相の固溶体が低温になると不安定となり，2個の固相に分離する現象。離溶によって2種（まれにそれ以上）の鉱物が共生する現象を離溶共生という。たとえばカリ長石の一種であるパーサイトやマイクロクリンは，正長石と曹長石が離溶したものである。離溶温度が既知のとき，地質温度計として使える。

六方晶形
6晶系のひとつ。4軸で示すただひとつの結晶系。縦軸と直交する3本の横軸がある。軸比は縦軸と横軸で異なるが3本の横軸は同じ。軸角は3本の横軸がそれぞれ120°で交わる。一部の晶族を三方晶系ということもある。

参 考 図 書

岩石・鉱物についての一般参考図書
新版地学事典，地学団体研究会編，平凡社，1996．
偏光顕微鏡と岩石鉱物(第2版)，黒田吉益・諏訪兼位共著，共立出版，1983．
岩石学Ⅰ・Ⅱ・Ⅲ(共立全書)，都城秋穂・久城育夫著，共立出版，1972・1975・1977．
はじめて出会う岩石学，山崎貞治著，共立出版，1990．
岩石と地下資源(新版地学教育講座)，地学団体研究会編，東海大学出版会，1995．
鉱物学，森本信男ほか著，岩波書店，1975．
造岩鉱物学，森本信男著，東京大学出版会，1989．
楽しい鉱物学，堀　秀道著，草思社，1990．
鉱物の科学(新版地学教育講座)，地学団体研究会編，東海大学出版会，1995．
鉱物学概論，秋月瑞彦著，裳華房，1998．
岩石鉱物(標準原色図鑑全集)，木下亀城・小川留太郎共著，保育社，1967．
日本の岩石と鉱物，工業技術院地質調査所編，東海大学出版会，1992．
鉱物図鑑(フィールド版)，松原　聰著，丸善，1995．
続鉱物図鑑(フィールド編)，松原　聰著，丸善，1995．
楽しい鉱物図鑑①②，堀　秀道著，草思社，1992・1997．
鉱物・岩石，豊　遥秋・青木正博著，保育社，1996．
岩石と鉱物の写真図鑑，クリス・ペラント著，日本ヴォーグ社，1997．

北海道産の岩石・鉱物についての参考図書
北海道新博物館ガイド，北海道博物館協会編，北海道新聞社，1999．
北海道鉱物誌，原田準平ほか著，北海道立地下資源調査所，1984．
日本の地質(1)北海道地方，日本の地質「北海道地方」編集委員会，共立出版，1990．
札幌の自然を歩く(第2版)，地学団体研究会札幌支部編，北海道大学図書刊行会，1984．
十勝の自然を歩く(改訂版)，十勝の自然史研究会編，北海道大学図書刊行会，2000．
空知の自然を歩く(改訂版)，岩見沢地学懇話会編，北海道大学図書刊行会，1997．
道南の自然を歩く，地学団体研究会道南班編，北海道大学図書刊行会，1989．
道北の自然を歩く，道北地方地学懇話会編，北海道大学図書刊行会，1995．
道東の自然を歩く，道東の自然史研究会編，北海道大学図書刊行会，1999．

本書で図版を引用した図書
偏光顕微鏡，坪井誠太郎著，岩波書店，1959．
An introduction to the methods of optical crystallography, F. Donald Bloss, Holt, Rinehart and Winston, 1961.

##　あとがき

　地球上で自然に存在するものを大別して、動物、植物、鉱物と3分類することがあります。現存のもとで、動物が一番多くて、数十万種もあり、植物は数万種と一桁少なく、鉱物はさらにもう一桁少なくなります。少ないのだから、鉱物はすぐ名前が決められそうですが、なかなかそうはいきません。花の名前と違って鉱物の名前はあまりにも知られていません。加えて、同じ名前の鉱物でもふたつ並べて見るとあまりにも違って見えることが多いのです。

　鉱物は100種知っていれば専門家といわれているくらいです。岩石にいたってはもっと困難です。しかし専門家は、肉眼だけでは無理としてもルーペ(10倍前後の小さなレンズ)ひとつあれば、ほとんど間違いません。まずはルーペを持ってフィールドを歩いて下さい。一般に手にはいる石はほとんどがこの本に収録されている70種のうちのどれかにあてはまります。もし概当するものがなかったら、大変珍しい宝物が手にはいったことになります。ただし、宝物といっても高価な売り物にはなりません。

　一般にはなじみのない言葉が多いので、巻末に用語解説を付けました。利用して下さい。岩石については堆積岩、火成岩の一覧表がついています。鉱物については、おもな鉱物の鑑定表がついています。この表のなかで一番最後のダイヤモンド以外は北海道で産出します。最初に鉱物の光沢で3分類表に、次に硬度(モース)で1から10までの順序に並べてあります。そのほかの性質などもあわせて利用すると、鉱物名を決めたり、探したりするのに便利です。

　この本をつくるにあたっては、赤坂正秀、故秋葉力、太田英順、勝井義雄、許成基、故金喆佑、熊野純男、桑島俊昭、佐藤泰子、小林英夫、スリニバス・サレラ、高橋亮平、カウシュック・ダス、中川充、新井田清信、野村秀彦、藤原嘉樹、故舟橋三男、松枝大治、前田仁一郎、三浦裕行、箕浦名知男、森下知晃、山口佳昭、渡邉順、渡邉暉夫、の各氏と豊羽鉱山、北海道大学総合博物館、北海道大学大学院理学研究科地球惑星物質科学教室、三菱マテリアル中央研究所など多くの方々や機関のご協力とご支援をいただきました。また、北大図書刊行会の前田次郎・成田和男さんには本の企画から始まって刊行の終わりまで並なみならぬお世話になりました。ここに合わせてお礼を申し上げます。

2000年4月10日　　　　　　　　　　　　　　　　　　　　著　者

和名索引

[ア行]
あられ石　96
安山岩　36
硫黄 ⟶ 自然硫黄　72
雲母　128
黄鉄鉱　82
黄銅鉱　84
オホーツク石　146

[カ行]
角閃岩　56
角閃石　118
花こう岩　24
花こう閃緑岩　26
滑石　125
加納輝石　145
かんらん岩　30
かんらん石　104
輝石　122
凝灰角礫岩　50
凝灰岩　52
玉髄　134
輝緑岩　33
金 ⟶ 自然金　64
銀 ⟶ 自然銀　66
金雲母　128
菫青石　114
クリソタイル　130
黒雲母　128
クローム鉄鉱　88
鶏冠石　74
珪線石　110
結晶片岩　58
玄武岩　38
鋼玉　92
紅柱石　108
紅簾石　112

[サ行]
砂岩　42
ざくろ石　106
サファイア　92
自然硫黄　72
自然金　64
自然銀　66
自然白金　68
磁鉄鉱　86
斜長石　136
蛇紋岩　30
重晶石　100
上国石　143
磁硫鉄鉱　78
白雲母　128
辰砂　79
針鉄鉱　94
正長石　138
石英　132
石英閃緑岩　26
石英斑岩　32
赤鉄鉱　90
石墨　70
石綿　130
石灰岩　46
石膏　102
閃亜鉛鉱　76
閃緑岩　26
曹灰針石　124
ソーダ珪灰石　124
粗粒玄武岩　33

[タ行]
大理石　46
蛋白石　134
チャート　48
泥岩　44
手稲石　144
電気石　116

轟石　　142
豊羽鉱　　149

[ハ行]
白金　⟶　自然白金　　68
バラ輝石　　126
斑れい岩　　28
普通角閃石　　118
沸石　　140
碧玉　　134
片麻岩　　60
方鉛鉱　　80
方解石　　96
ホルンフェルス　　54

[マ行]
三笠石　　148
瑪瑙　　134

[ラ行]
藍閃石　　120
硫比銅鉱　　85
流紋岩　　34
菱マンガン鉱　　98
緑簾石　　112
燐灰石　　103
ルビー　　92
礫岩　　40

英名索引

[A]
Actinolite　118
Agate　134
Amphibolite　56
Andalusite　108
Andesite　36
Apatite　103
Aragonite　96

[B]
Barite　100
Basalt　38
Biotite　128

[C]
Calcite　96
Chalcedony　134
Chalcopyrite　84
Chert　48
Chromite　88
Chrysotile　130
Cinnabar　79
Conglomerate　40
Cordierite　114
Corundum　92
Crystalline schist　58

[D]
Diabase　33
Diorite　26
Dolerite　33

[E]
Enargite　85
Epidote　112

[G]
Gabbro　28
Galena　80

Garnet　106
Glaucophane　120
Gneiss　60
Goethite　94
Gold ⟶ Native gold　64
Granite　24
Granodiorite　26
Graphite　70
Gypsum　102

[H]
Hematite　90
Hornblende　118
Hornfels　54

[J]
Jasper　134
Jokokuite　143

[K]
Kanoite　145

[L]
Limestone　46

[M]
Magnetite　86
Marble　46
Mica　128
Mikasaite　148
Mudstone　44
Muscovite　128

[N]
Native gold　64
Native platinum　68
Native silver　66
Native sulphur　72

[O]
Okhotskite 146
Olivine 104
Opal 134
Orthoclase 138

[P]
Pectolite 124
Peridotite 30
Phlogopite 128
Piemontite 112
Plagioclase 136
Platinum ⟶ Native platinum 68
Pyrite 82
Pyroxene 122
Pyrrhotite 78

[Q]
Quartz 132
Quartz diorite 26
Quartz porphyry 32

[R]
Realgar 74
Rhodochrosite 98

Rhodonite 126
Rhyolite 34
Ruby 92

[S]
Sandstone 42
Sapphire 92
Serpentine asbestos 130
Serpentinite 30
Sillimanite 110
Silver ⟶ Native silver 66
Sphalerite 76
Sulphur ⟶ Native sulphur 72

[T]
Talc 125
Teineite 144
Todorokite 142
Tourmaline 116
Toyohaite 149
Tuff 52
Tuff breccia 50

[Z]
Zeolite 140

郵便はがき

0608788

料金受取人払

札幌中央局
承　認

1203

差出有効期間
2008年8月24日
まで

札幌市北区北九条西八丁目
北海道大学構内

北海道大学出版会 行

ご氏名 (ふりがな)			年齢 　　歳	男・女
ご住所	〒			
ご職業	①会社員　②公務員　③教職員　④農林漁業 ⑤自営業　⑥自由業　⑦学生　⑧主婦　⑨無職 ⑩学校・団体・図書館施設　⑪その他（　　　　）			
お買上書店名	市・町　　　　　　　　　　書店			
ご購読 新聞・雑誌名				

書　名

本書についてのご感想・ご意見

今後の企画についてのご意見

ご購入の動機
1 書店でみて　　　　2 新刊案内をみて　　　　3 友人知人の紹介
4 書評を読んで　　　5 新聞広告をみて　　　　6 DMをみて
7 ホームページをみて　　8 その他（　　　　　　　　　　　）
値段・装幀について
A　値　段 (安　い　　　普　通　　　高　い)
B　装　幀 (良　い　　　普　通　　　良くない)

戸苅 賢二 (とがり けんじ)

1925年　愛知県豊橋市に生まれる
1947年　北海道大学理学部地質学鉱物学科卒業
　　　　元北海道大学理学部教授　理学博士

土屋　篁 (つちや たかむら)

1940年　長野県岡谷市に生まれる
1968年　北海道大学大学院理学研究科博士課程修了
　　　　元北海道大学大学院理学研究科助手　理学博士

写真提供

太田英順，森下知晃，山口佳昭

北海道の石

発　行	2000年6月25日　　第1刷
	2007年8月25日　　第2刷

■

著　者	戸苅　賢二・土屋　　篁
発行者	吉田　克己
発行所	北海道大学出版会
	札幌市北区北9西8　北大構内　Tel.011-747-2308・Fax.011-736-8605
写　植	㈱アジプロ
印　刷	㈱須田製版
製　本	石田製本所
装　幀	須田　照生

Ⓒ Hokkaido University Press, 2000　　　　　　Printed in Japan

ISBN4-8329-1341-7

十勝の自然を歩く	十勝の自然史研究会編	B6・284頁 価格1800円
空知の自然を歩く	岩見沢地学懇話会編	B6・254頁 価格1600円
道北の自然を歩く	道北地方地学懇話会編	B6・286頁 価格1800円
道東の自然を歩く	道東の自然史研究会編	B6・284頁 価格1800円
土の自然史	佐久間敏雄 梅田安治 編著	A5・256頁 価格3000円
北海道の湿原と植物	辻井達一 橘ヒサ子 編著	四六・266頁 価格2800円
新北海道の花	梅沢 俊著	四六・464頁 価格2800円
札幌の昆虫	木野田君公著	四六・416頁 価格2400円
北海道自然100選紀行	朝日新聞北海道支社編	B6・432頁 価格1800円
北海道・自然のなりたち	石城謙吉 福田正己 編著	四六・228頁 価格1800円
北海道の自然史	小野有五 五十嵐八枝子 著	A5・238頁 価格2400円
北海道の地震	島村英紀 森谷武男 著	四六・238頁 価格1800円
北海道の地すべり地形 —分布図とその解説—	山岸宏光編	B4・426頁 価格50000円
北海道の地すべり地形データベース	山岸宏光他編	B4・350頁 価格26000円
地震による斜面災害	地すべり学会北海道支部編	A4・306頁 価格25000円
空中写真によるマスムーブメント解析	山岸宏光 志村一夫 山崎文明 著	A4変・232頁 価格20000円

※表示の価格には消費税は含まれておりません。

北海道大学出版会